コスパのいい システムの作り方

しっかり見積もりたいのに
勘を使うジレンマに向き合う

Daisuke Minami
南大輔

技術評論社　三菱UFJインフォメーションテクノロジー株式会社

免責

本書に記載された内容は、情報の提供のみを目的としています。したがって、本書を用いた運用は、必ずお客様自身の責任と判断によっておこなってください。これらの情報の運用の結果について、技術評論社および著者はいかなる責任も負いません。

本書記載の情報は、刊行時のものを掲載していますので、ご利用時には変更されている場合もあります。

以上の注意事項をご承諾いただいたうえで、本書をご利用願います。これらの注意事項をお読みいただかずに、お問い合わせいただいても、技術評論社および著者は対処しかねます。あらかじめ、ご承知おきください。

商標、登録商標について

本文中に記載されている製品の名称は、一般に関係各社の商標または登録商標です。なお、本文中では ™、® などのマークを省略しています。

はじめに

システムのコストはわかりにくい

「うちの会社って、システムにお金かけすぎじゃない?」

そんな疑問を持つことがあると思います。中でも特に「わかりにくいなぁ」と思うのがインフラに関するコストではないでしょうか。

アプリケーション開発におけるコスト算出には、キロステップ数、FP法などさまざまな手法や考え方が導入されてきました。メンテナンスフェーズに入っても、その手法を活用することはできます。手法の良し悪しはあれ、一定の評価指標があって、それを参考にすることができます。

一方、インフラコストは、製品を購入する「モノ」の部分、それらを組み合わせ構築する「ヒト」の部分(工数)に大きく分かれますが、いずれも画一的な手法を考え出すのは非常に困難です。なぜなら、毎回がカスタムメイドだからです。「うちは標準化しているから」という会社もあると思いますが、その標準はその会社がカスタムメイドしたもので、業界標準ではないですよね。その標準は、正しいのでしょうか。時代に合わせてフレキシブルに見直せてますか?

さらに、総コスト(TCO:Total Cost of Ownership)で考えると大きなウェイトを占めるランニングコストもインフラでは重要な要素になりますが、その評価もまた非常に難しいものです。製品の保守料、システムを維持する人のための工数を正しく評価する必要がありますし、それらを削減しようとするといろいろ難しい問題に直面するのではないで

しょうか。

「安定して動いているけど、ものすごく高コスト……」を どう考えるか

　私は、これまで証券・銀行といったユーザー企業の立場で、さまざまな金融システムを構築してきました。はじめの数年はアプリケーションの実装担当でしたが、10年が過ぎて、気がつけばインフラ担当になっていました。非常にハイトラフィックなシステムや、止めてしまうと大問題になるシステムも経験しています。

　もう10年以上前になりますが、担当していた非常に重要なシステムが大トラブルを起こして、即座に2ちゃんねるに書き込まれ、30分後にはYahoo! ニュースのトップで記事になり、翌朝には日経新聞の記事になったこともあります。そういうトラブルは、ITインフラの全面障害に近い場合に起きます。一度そういうトラブルを経験してしまうと、ものすごいコストと時間をかけてシステムを構築・増強します。コストと人をかけて構築したシステムは基本的に安定するのですが、5年以上経過して次のシステム更改を考えるときに、ふと思うわけです。

　「たしかに安定して動いているけど、ものすごく高コスト。これって正しいのだろうか？」と。

　そういうシステムは、社内的には特別扱いされ、ある意味アンタッチャブルな状況になっているわけですが、過去の苦い経験から、それを低コスト化に振る勇気はだれもありません。責任を取りたくないですからね……。しかし、必要以上の高コストはユーザー企業の判断としてはまちがっていて、自社の利益率を下げて、競争力を下げていることにもなり

ます。5年ごとの巨大な投資、毎年高額な経費は、経営者の悩みの種です。

　では、どうやって適切なコストに持っていくか。

　身も蓋もない話ですが、経験と勘以上に正しく判断することはできないと思います。「経験と勘」と書いてしまうといかにも胡散臭い感じがしますが、実態としてはそうだろうと思って（信じて）います。

　ただ、「コスト算出には経験と勘が必要なんだ」以上終わり、ではみなさんに何もお伝えすることがなくなってしまいます。もちろん、私もそれを望んではいません。

経験と勘の正体とは

　経験と勘は身につけるものですよね。つまり、「コスパよくシステムを作るための経験と勘をどのように身に着けられるか？」が本書のテーマです。

　そこそこの規模の企業になると、システム担当・部門、よく「情シス」などと呼ばれる組織があると思います。システム部門が適切にコストを算出するには、自分で開発できる能力を持っていることが極めて重要です。自分で開発した時のイメージがあると、ベンダーから受け取った見積もりに対して、工数が高ければ感覚的に疑問を持つこともできますし、「導入する製品が高すぎるのでは？」「別の製品に置き換えたほうが安くなるのでは？」と気づくことができます。

　勘と経験の正体は「開発能力」と言っても過言ではありません。開発能力がないと、基本的に過去のプロジェクトの見積もりとの比較でしか

評価できなくなります。実際にそういう仕事の仕方をしているシステム担当者が多いのではないでしょうか。過去のシステムコストと比較する意味はあると思いますし、一定の指標として活用できると思います。ただ、過去のコストがまちがっていれば誤りの連続になりますし、そもそも進化の速いITの世界にマッチした判断方法でもありません。過去の指標は、あっという間に古くなります。

　本書では、テーマごとに私の経験と勘を明らかにしていこうと思いますが、以下のスキルが重要になります。

・ITインフラを自分で構築できるスキル
・システムの目的（SLA）を正確に把握するスキル
・採用する製品の動きや仕様を把握するスキル
・アプリケーションの動作をイメージし、どのようにリソースが使われるかを推察するスキル
・インフラを構成する要素技術の変化、今後の見通し、価格動向を把握するスキル

　これらのスキルを、本書では3部構成でまとめています。まず第1章から第8章までは、システムを構築するうえでの前提知識をまとめました。システム構築は単に技術力があればできるものではありません。幅広い知識と経験が必要で、その要素をまとめています。続いて第9章から第12章まではインフラのテクニカル要素をレイヤーごとに記載しています。何か1つの製品については触れず、どのような製品を使っても役に立つ考え方を記載しています。最後に第13章は、それ以前の章の総まとめです。実際のシステムのパターンごとに、第12章までの知識を集約して考え方を整理しています。

これらのスキルは私のこれまでの経験によるものですが、どのように考えてきたかをお伝えすることで、みなさんの経験と勘にプラスできることを願っています。

はじめに　3

第1章　どうやって予算を確保するか

文化の違いで変わる見積りへの影響　22

・短期的なプロジェクトでポイントになること　23
・中期的なプロジェクトでポイントになること　27
・長期的なプロジェクトでポイントになること　31
【コラム】　お客さまのタイプの違いが文化の違いを生み出す　33

プロジェクトごとの予算確保から案件化まで　34

【コラム】　IT への投資　34
・RFP も出せなければ PoC もできないタイミングで
　予算を取るための5つのポイント　35
・どういうことをやりたいかを聞いて、
　必要なコンポーネントをおおまかに考える　37
・コンポーネントからシステムの規模をイメージする　38
・既存のリソースに空きがあるか確認する　39
・購入するハードウェアの規模を想定する　40
・使われるであろうミドルウェアを確認する　40

予算が決まった後にすべきこと　42

・予算が想像以上に削られてしまった場合は　43
・コストを下げる基本原則は「必要以上の開発をおこなわない」こと　43
【コラム】　心配性のユーザー部門への2つの対策　45

第2章　製品を安く買うための工夫

「製品は安く、工数はほどほどに」がコツ　48

・結局、プロジェクトの主役は人　48
・ジャンプできる組織にはアソビが必要　49

CONTENS

製品の強み、弱みを正確に把握する　51

- ・考えうるすべてのメーカーのカタログを入手し、
  スペックを徹底的に比較する　51
- ・機器を見せてもらうために「きてください」と言わない 3 つの理由　52
- 【コラム】　おもちゃを分解したことありますか？　54
- ・社内の購買履歴から割引可能な金額を見極める　55
- ・ハードウェアの価格の動向を調べる　58
- ・ソフトウェアの価格の動向を調べる　60

ダブルスタンダードで価格をコントロールする　62

- ・製品を自分で目利きする　63
- ・インフラをレイヤーで分割する　63
- ・汎用的なものを選択する　64
- ・アプリケーションの影響を受けにくくする　65
- ・ダブルスタンダードにするのが難しい製品があることを理解する　66
- 【コラム】　レイヤーで分割してダブルスタンダード化すると
  マルチベンダーになる　67

購入時に確認すべき 3 つのこと　68

- ・購入のタイミングを意識する　68
- ・特価申請の仕組みを理解する　69
- 【コラム】　本気のディスカウント価格は購入する案件の中でしかわからない　70
- ・見積もりを分解する　71
- 【コラム】　接待好きの営業さんには要注意　72

第 3 章　開発費を削減するための工夫

インフラのコストを下げる基本原則　74

- ・まずは「必要以上の開発をおこなわない」　74
- ・開発する機能を減らす　75
- ・サーバーの数を減らす　76
- ・ドキュメントを減らす　76

内製化を検討する　77

- ・「内製」とは何か？　77
- ・内製以外の部分やマルチベンダーの狭間のコスト　78
- ・結局、内製は安いのか？　79
- ・保守の体制に注意　80
- ・一番重要なのはリーダーの営業力　82
- ・どういうプロジェクトを内製すべきか　83

契約で考えるべき4つのポイント　85

- ・請負契約　85
- ・準委任契約　86
- ・故意・重過失　90
- ・善管注意義務　91
- 【コラム】 システムの要件が変わることへの疑問　91
- ・契約内容は自らがチェックすべき　92

第4章　可用性、性能、運用性を考慮する

システムのコストとSLA　96

- ・SLAとは何か　96
- ・SLAの代表的なもの　97

可用性について考察する　100

- ・「コンポーネント単位に故障する」と考えて、
  パーツを組み込むか決めていく　100
- ・難易度＝最大：ダウンタイムゼロ　102
- 【コラム】 強固なシステムにするにはべき等性が重要　104
- ・難易度＝高：ダウンタイム5分以内　105
- ・難易度＝中：ダウンタイム30分以内　108
- ・難易度＝低：ダウンタイム12時間　108
- 【コラム】「30分止められないシステム」ってどんなシステム？　109

CONTENS

性能について考察する　111

- ・性能はアプリケーションの実装が重要　111
- ・ディスクアクセスとキャッシュのバランスを考える　112
- ・リアルタイム処理の SLA について　114

運用性について考察する　118

- ・バックアップを取得しやすくする　118
- ・定期リブートの時間を確保する　121
- ・メンテナンスの時間を確保する　123
- 【コラム】　クラウド業者の SLA　124

後から変わる SLA で不幸にならないためにすべきこと　126

- ・ユーザーを怒らせない　126
- ・システムの変化を見逃さない　128

後々 SLA でもめないためのインフラのポイント　131

- ・価格交渉によって下がった金額で、
  少しだけ可用性・性能の良い製品を買う　131
- ・性能が極端に悪くなる実装をさせない　132
- ・システムの動作が変化する設定を導入しない　133

第5章　OSSかプロプライエタリか

バグの対処の方法によってコストは大きく変わる　136

- ・自分で保守・メンテし、
  問題があれば自分でソースコードを読んで改良する　137
- ・バグに遭遇したタイミングで自分である程度切り分けして、
  ソースコードの解析を依頼する　137
- ・サブスクリプションを購入しておき、サポートにすべて解析を依頼する　138
- 【コラム】　イニシャルコストとランニングコスト　140
- ・OSS の導入・保守まで SIer にすべて依頼する　141

OSSの強みとは　143

- ・ソースコードがオープンである　143
- ・システムをほったらかしにしやすい　145
- ・バージョンアップに柔軟に対応できる　146

OSSの向き不向きを考える　147

- ・丸投げする人はOSSに向かない　147
- ・開発や管理を効率化するツールに向く　148
- 【コラム】 推理小説に似ているシステムトラブル　149

第6章　標準化でコストダウンは図れるのか

標準化の功罪とは　152

- ・学びの場を失わせる標準化　152
- ・それでも標準化が必要な理由　153

コスト効率と安全性を追求する標準化の進め方　154

- ・設計前のポリシー検討が重要　154
- ・標準を検討するパラメータを洗い出す　155
- ・洗い出したパラメータを選別する　156
- ・ポリシーを加味して標準値を決める　159
- ・「標準という設計」を提供するのではなく、
「標準設定された環境」を提供する　161
- ・保守の担当をだれが担うか　161

第 7 章　運用・保守の効率化を考える

増えていくシステム、減らしにくいランニングコスト　164
- ・ユーザー企業のシステムは増加する　164
- ・インフラのランニングコストは後から変えられない　164

保守作業を合理化するための考え方　166
- ・運用と保守の違いとは　166
- ・保守作業を開発部門が担うべき 4 つの理由　169
- ・工数の管理には注意が必要　176

運用フェーズのコスト削減のポイント　178
- ・障害対応以外についてコスト削減の可能性を考えていく　178
- ・通常運用外の個別対応が多ければ、運用として引き継ぐ　179
- ・連携先システムに変更作業がある場合は、システム連携を停止する　180
- ・開発環境に変更を加えることが多い場合は、
  メンテナンス枠を決めてしまう　181
- ・バグ対応やパッチ適用の情報はくわしい人に集約し、
  半年に一度まとめて適用する　181

開発・運用の分離と DevOps　183
- ・なぜ、開発と運用が分離されるようになったか　183
- ・開発・運用の分離と DevOps を無理に融合させようとする議論には
  意味がない　184

【コラム】　インフラとアプリの保守の違い　187

第8章　教育コストと体制維持コストの負担

エンジニアが成長するための4つの基本　190

- ・自走できない8割のメンバーをどう育てるか　190
- ・わからないことはまず自分で"時間をかけすぎず"に調べる　191
- ・調べてもわからない場合は「自分でどこまでやったのか」を
  説明してから聞く　192
- ・わからないことは何でも聞く　193
- ・学んだこと、教えてもらったことは自分だけのものにせず、
  後輩に教える　194
- 【コラム】　先輩社員陣には厳しく　195

技術スキルの伸ばし方　196

- ・1つの技術を極めていると、ほかの技術へ応用しやすくなる　196
- ・第一人者を目指すか、ゼネラリストを目指すか　197
- ・すべてのエンジニアに必要なのがOSの理解　198
- ・製品への理解を深める　201

教育のためのコストを捻出する　204

- ・OJTのコストはプロジェクトコストに含める必要がある　204
- ・体制を維持しつつ、教育もする　205
- 【コラム】　人が成長するチームから人が抜かれていく　208

第9章　サーバー(IaaS)のコストを考える

「速いか遅いか」「壊れにくいか壊れやすいか」の2軸でコストを考える　210

- ・「速さと故障のバランス」が高い部品か安い部品かを決める　210
- ・技術を知ってから価格を知る　212

CPU の費用対効果　213

- ・マルチコア時代の考え方　213
- ・マルチコア化はソフトウェアライセンスがかかる　216
- ・CPU がマルチコア化しても足回りがついてこれない　220

メモリの強みを理解する　223

- ・現在はメモリのコスパがいい　223
- ・メモリにライセンス課金モデルを組んでいるソフトウェアは
  ほとんどない　224
- ・大量に搭載したメモリをうまく活用する設計が必要　225

ディスクの故障とシステム停止を想定する　226

- ・ディスクで一番重要なのは "書き逃げ" があること　226
- ・書き込めていても読み込めないこともある　228
- ・ミッションクリティカルなシステムではロット障害に注意　228
- ・SAN ブート構成にするかどうか　229
- ・SSD をどう使うか　230

ラックマウントサーバーか、ブレードサーバーか　23

- ・ブレードは後から埋めた部分の耐用年数が短くなってしまう　232
- ・ラックマウントサーバー 1 台でまかなえる規模が
  かなり大きくなった　233

第10章　仮想化でリソースを効率的に扱う

見積もりとコントロールがうまくできないから
仮想化が必要になる　236

- ・「とりあえず見積もりは 1.5 倍にしておこう」と考える
  罪深きエンジニアたち　236
- ・なぜ、ムダに気づきにくいのか　238
- ・一番無駄が入りやすいのがバックアップ　239
- ・【コラム】　ハードと OS の分断も仮想化のメリット　240
- ・買いすぎるのは見積もりが下手だからか？　241
- ・買いすぎを解決する 3 つの方法　242

リソースをリニアに追加・削除するときの注意点　245

- ・CPU リソースは柔軟に変更しやすい　**245**
- ・メモリリソースの追加ではパラメータの再設計、再設定が壁　**248**
- ・ディスクの追加ではレイヤーごとの設計を確認　**250**
- 【コラム】　たくさん使えていそうで使ってない技術　**252**

集約率を高め、効果的に仮想化するには　253

- ・仮想化するなら鼠小僧になろう　**253**
- ・Ｎ＋1 方式でサーバーの稼働率を上げる　**254**
- ・オーバーコミットしてリソース効率を上げる　**256**
- ・必要とされるリソース配分よりもメモリを多めに搭載した
  ハードを選ぶ　**257**
- 【コラム】　コンテナ化にはシステム設計の整理が必要　**258**

第11章　ストレージを効率的に使い切る

ブロックストレージの投資対コスト　262

- ・デファクトスタンダードのベンダーを比較のベースにする　**262**
- ・ブロックストレージの基本機能　**263**
- ・ハイエンドストレージが優れているのは
  ディスク I/O 性能と信頼性　**264**
- ・書き込み内容の整合性管理、
  ディスクの故障管理はそれほど差がない　**266**
- 【コラム】　運任せの製品とそうでない製品　**268**
- ・スナップショットは性能が多少犠牲になることがあるが
  コストメリットがある　**269**
- ・レプリケーション、帯域制御、データ保全が必要かは要確認　**270**
- ・重複排除はスナップショットと組み合わせると効果的　**270**
- ・シンプロビジョニングは非常に有効　**273**
- 【コラム】　RDBMS のエンジニアはストレージの理解も容易　**274**

思ったよりも使えないディスク容量　275

- ・2TB 玉のディスクを買ったのに 1TB ちょっとしか使えない現実　**275**

- ・RAID とストレージの管理領域によって容量はさらに減る　**276**
- ・ミドルウェアまで含めると使える容量が
  1/4 程度になる可能性も　**278**

ディスクの特性と価格変動を考える　281
- ・SAS か SATA か、それとも SSD かで単価が大きく変わってくる　**281**
- ・価格は下がり続けるので、前もって購入してしまうと不利　**282**
- ・IOPS マジックには要注意　**285**

ブロックストレージ以外のストレージを使いこなす　287
- ・非常に使いやすいが使いどころに注意が必要な NAS　**287**
- ・【コラム】　別の製品でもそっくりな仕組みを使っていることがある　**290**
- ・拡大が続くオブジェクトストレージ　**291**

第12章　ミドルウェアがコストに与える影響を理解する

ライセンスコストが問題になりにくい AP サーバー　294
- ・ライセンスを意識することがなかったクラサバ　**294**
- ・Java でも AP サーバーのライセンスが問題になることは少ない　**295**
- ・LAMP、MEAN は基本的にライセンスコストがかからない　**297**
- ・Windows でもライセンスのコストは小さい　**298**
- ・バッチ処理とシステム間連携に注意　**299**

高額でプロプライエタリな RDBMS 製品を使う理由　300
- ・安定したサポートを受けられる　**300**
- ・性能に関しての情報を取得する機能が充実している　**301**
- ・可用性を高める機能がある　**301**
- ・ナレッジが多く、扱えるエンジニアも多い　**302**
- ・長期間使い続けられる　**302**
- ・【コラム】　ストアドプロシージャに頼った実装を好まない理由　**303**

RDBMS で無駄なリソースを使う問題をどう解決するか　304
- ・SQL では性能の悪いコードをかんたんに作れてしまう　**304**

- ・性能を確認しにくいのが SQL の難しいところ　305
- ・バッチ処理とオンライン処理でデータベースユーザーを分離する　306
- ・バッチ処理とオンライン処理のそれぞれのユーザーに
  処理制限をかける　307
- ・ほかの RDBMS へのポーティングでは工数の見積もりに注意　308

NoSQL の活用でコストは減らせるか　310

- ・安いハードウェアをたくさん使ってスケールアウトする BASE の発想　310
- ・CAP 定理があるためデータベースはスケールアウトが難しい　313
- ・NoSQL はまだコストを削減するフェーズに入っていない　314

アプライアンス製品か、汎用品か　316

- ・アプライアンス製品には汎用性がない　316
- ・移行、ポーティングが難しい　317
- ・運用方法が制限される　317
- ・バックアップが難しい　318

第13章　システムタイプごとの高コスト、低コスト

シンプルな AP、DB の構成　320

- ・汎用的な IA サーバーを使う　321
- ・仮想化を使ってリソースを柔軟に確保できるようにする　321
- ・CPU とディスクはオーバーコミットする　321
- ・N＋1の構成にする　322
- ・HA の切り替えは仮想化製品に任せる　322
- ・オンプレで進めるなら松竹梅プランにせず、
  細かい要件に柔軟に対応できるようにする　323

同時実行ユーザーが多いシステム　325

- ・スケールアウト構成を基本に考える　325
- ・処理のピーク性を意識する　335
- ・トランザクションの厳密性が必要な部分を切り出す　337
- ・一貫性をもたせてデプロイする　338

CONTENS

・流量制限や利用停止できるようにする　342

ミッションクリティカル系　349

・壊れにくいハードウェアを選択する　349
・構成をシンプルに　353
・足回りは強いものを選択　360
・インフラエンジニアがアプリケーションに介入する　362
・ウォームアップを入れる　366
・最新のソフトウェアは使わない　367

スパコン・HPC の場合　369

・動作させるジョブの性質を把握する　369
・「動かしてみて、チューニング」を繰り返す　371
・ハード的な強さを事前確認する　375

おわりに　376
謝辞　379
索引　380

第1章

どうやって予算を
確保するか

文化の違いで変わる
見積りへの影響

　システムを構築するために、まず必要なものは予算です。「地獄の沙汰も金次第」ではないですが、システム構築ではお金がないと何もできません。規模にもよりますが、基幹システムともなるとかなりの投資金額になるので、あらかじめ予算の確保が必要です。特に大きな会社になると、計画的に予算計画を立てて、その計画どおりに進めることが求められます。ここでは、予算確保の考え方について説明していきます。

　コストを削減しようと思った場合、一般的に一番大きな割合を占めている場所から見ていくのが効率的です。見積りに大きな影響を与える要素としてプロジェクト期間があります。プロジェクト期間が長くなれば工数は全体的に大きくなり、逆に短くなると工数は少なくなります。また、工数が減ると全体に占めるハードウェア、ソフトウェアの投資割合が上がる傾向になります。そのため、プロジェクト期間が長くなると工数に着目され、逆に期間が短くなるとハードウェア、ソフトウェアに着目されやすい特性が出てきます。

　日本の多くの企業は3年もしくは5年の中期経営計画を策定し、半期または四半期ごとにその期の予算を組むと思います。特に上場企業はこのような形ではないでしょうか。システム予算もこのルールに従っていると思いますが、その計画や考え方には文化の違いがあります。

　たとえば、金融業を大きく分けると銀行・証券・保険になりますが、この3つの業態は同じ金融業でも文化が大きく異なります。それは、それぞれが扱う金融商品ライフサイクルが異なるのが大きな要因です。期間が短い順に証券、銀行、保険になります。

短期的なプロジェクトでポイントになること

　最も商品ライフサイクルが短いのは証券会社です。証券会社ではさまざまな商品を扱っていますが、比較的短期に売買されるものが多くなります。通常の株取引や信用取引、為替・FX などはスタイルにもよりますが、最も短い単位ではデイトレード（きわめて短時間を争うもので、最近ではアルゴリズムトレード、AI の活用も増えました）、多少保持期間があっても数か月ということが多いと思います。理由は単純で、1 年間で見ても株価は常に変動していますし、その状況に応じて売り買いをするので、長く保持し続けることは少なくなるためです。もちろん、投資信託などの息の長い商品のほうが証券会社からすると安定収益を見込めるので、そういうものを売りたいと思うわけですが、やはり実態としては株価の変動に左右されることが多くなります。

　このような背景によって、プロジェクト期間は短期的になります。たとえば株価の上昇が見込めるタイミングは証券会社も利益を得やすいタイミングになりますが、その期間が 3 カ月先も継続するかはだれにもわかりません。そうなると、「早いタイミングで利益を得たい」と思うのは自然な話で、システムに対しての要求も変わってきます。利益が出ると思えば即座にサービス提供を狙いにいくので、短期集中のプロジェクトが多くなりますし、割り込みプロジェクトも増えてきます。

◎短期の影響で中期と半期の計画に割り込みが入る

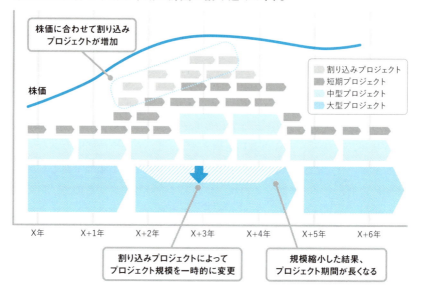

　もちろん、システムにはハードウェアやミドルウェアの保守切れに伴う更改があります。当然、そのような対応は計画的に進める必要がありますが、大型更改プロジェクト中にも割り込みプロジェクトは発生します。そのため、「中期経営計画の段階ではある程度の外枠が決まりつつも、半期単位の計画を具体化する時にはかなり状況が変わっていることが多い」というのが証券会社の特徴だと思います。

　プロジェクト運営で特に苦労するのが、次の3点です。

①プロジェクトの組み換えが起きやすい
②リリースまでがすごく短く、特にインフラは辛い
③プロジェクト管理よりもスピード重視

①プロジェクトの組み換えが起きやすい
　証券会社では、上記のように次々と利益獲得を狙いにいくために、比較的

割り込みプロジェクトが多くなります。そうなると、人的リソースにも限界があるので、すでに動いているプロジェクトを一時的にサスペンドさせます。

サスペンドによってインフラ面で一番影響を受けるのが、ハードウェアやソフトウェアの購入です。すべて発注していなければまだ対応はしやすいのですが、部分的に発注してしまっているケースは対応が難しくなります。そうなると、どこまで構築してしまうのかの整理が必要になり、苦労を強いられます。

たとえば、ハードウェアを発注してしまっていれば、物理サーバーの構築と仮想化製品の導入までしてしまっておくことで、ほかの案件でも流用できるかもしれません。そういうやりくりや構成の組み換えが難しいので、時間重視で何ができるのかをすぐに判断する力が求められます。

②リリースまでがすごく短く、特にインフラは辛い

私が経験した中で一番厳しかったスケジュールは、ハードウェアの購入を含めてリリースまで3カ月というものでした。ハードウェアは発注したあとに海外から送られてくることが多く、時間がかかります。その時はあまりにも短期だったので、通常の社内フローも無視して即発注の調整をかけなければならず、さらに発送も極力早い便の空輸の調整になりました。

そのような感じでドタバタしている間に、2週間くらい経つと発注したものがデータセンターに入ってくるので、そこからがまた大変、という状況になります。サーバーの搬入には耐震工事や電源工事が伴います。ネットワークケーブルの敷設も必要です。それらは作業者が異なるので、スケジュールの組み合わせから時間調整、データセンターへの入館手続きなど、さまざまな対応が必要になります。

なお、特にインフラが辛いのは、アプリケーションのテストをする前にひととおりのインフラがそろっていることを求められる点です。インフラ要件は最後に決まり（使用するデータサイズなどの業務要件を調整し、最終的にサイジングが確定するため）、必要とするのは最も早い（テスト環境として結合テストのタイミングで必要になるケースが多い）ためです。

◎アプリのテストの前にインフラが必要になるので、
　スケジュールの余裕がなくなる

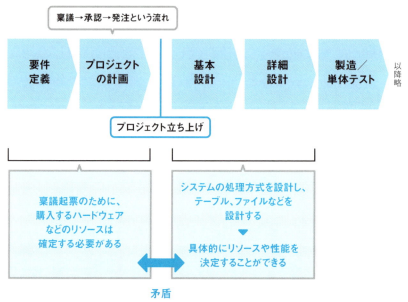

　そのため、短期開発の場合、アプリケーション開発は別の環境や PC でできますが、ある程度プログラムができあがり結合テストをするタイミングにはそれ相応の環境をインフラとして提供する必要が出てきます。

③プロジェクト管理よりもスピード重視
　ここも文化だと思うのですが、「短期間で絶対にやる」と決めたプロジェクトは、決裁・承認などのフローも驚くほど早くなります。通常のルールだと数週間かかったりしますが、本当に早いと 2 日以内ということもあります。この早さも 1 つの文化だと思います。

ちなみに、スピード重視になればなるほど、対応がアナログになっていきます。メールでの通知や、ワークフローの連絡を待っていられないからです。必然的にすぐ次の作業に入るために電話を多用しますし、ロケーション的に問題がなければ直接会って一気に進めることも考えます。ただ、それに追従するのは苦労も伴います。

中期的なプロジェクトでポイントになること

　証券の次に商品のライフサイクルが長いのが銀行のシステムです。銀行が扱う商品は多岐にわたりますが、定期預金など一定以上の期間にわたりお客さまから資産を預かるものから、数年単位で貸し出すローンなど、数年単位の商品サービスが多くなります。もちろん、決済などその時・その瞬間が重要なサービスもありますし、国債をはじめとした長期的な運用までいろいろありますが、基本的には証券会社よりも長いものが多くなります。

　そのため、銀行のプロジェクトは比較的長めのものが多くなります。四半期や半期で終了してしまうようなプロジェクトは少なく、1年以上のものが多くなります。1年以上のものが多くなると、中長期を意識した計画が重要になってきますし、プロジェクト立ち上げ前の検討にも時間を使うことができます。

　証券と銀行は、その違いから、狩猟民族と農耕民族とたとえられることがあります。証券会社は短期的な利益（獲物）を狙いにいき、銀行は計画立てて育てて収穫することになります。私もはじめに聞いたときは「そんなものかな」と思ったくらいですが、両方の業態を経験してみるとよく理解できますし、実感することができました。

　個人的にはこの違いは「文化」であって、どちらが良いとか悪いというものではないと考えています。証券のように短期プロジェクトが多いということはスピード感があっていいといえますが、どうしても景気に左右

されやすく、安定的とはいえないビジネスモデルになりがちです。対して、銀行のように「時間をかけて計画的に進む」といえばそれもまたよく聞こえますが、スピード感がなく、ビジネスチャンスを逃してしまうともいえます。これらには一長一短があり、「業界としてそのような傾向がある」と理解しておいたほうがいいと思います。長所の反対は短所であるということでしょう。

　このような1年以上のプロジェクトには、以下のような特徴があります。

①要員を継続的に確保することを検討しなければならない
②プロジェクト立ち上げ前の検討に十分な時間を取れる
③中間報告が必要になる

①要員を継続的に確保することを検討しなければならない

　一般的に、プロジェクトにはピーク性があります。プロジェクトとしては、単体テストが完了した後の結合テストから本格的にテストをおこないます。本格的なテストには本番（商用）相当の環境が必要なので、それまでに大半の作業を終えておく必要が出てきます。つまり、インフラ担当はプロジェクト開始直後から結合テスト直前までの負荷が最も高くなります。その後、アプリケーションの結合テストではあまり出番はありませんが、プロジェクトの要員を確保する必要があります。

◎プロジェクトの負荷のピークとインフラの負荷のピーク

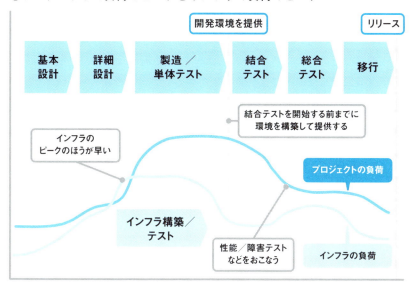

　特に結合テスト以降のフェーズでは、おもに非機能のサポートが重要になります。性能に関してのフォローであったり、障害試験の切り替え対応などです。災対環境※があれば、遠隔地センターへの切り替えも確認する必要があります。そのため、体制を絞りすぎるわけにもいきませんが、無駄のない運営が求められます。プロジェクトが長期間化すると、このコントロールはより難しくなります。

> ※災害対策のための環境で、ディザスタリカバリ（Disaster Recovery）環境と呼ばれることがあります。どのような災害対策を考えるかはその企業の考え方によって変わりますが、日本で一番注目されるのは地震でしょう。一般的には、500キロ以上離れた環境にバックアップサイトを構築することが多いと思います。クラウド環境でも、関東、関西に設ける会社が多いです。ただ、「500キロで十分か」というと、それはだれにもわかりません。関東大

震災や東日本大震災クラスの地震であれば対応できると思います
が、南海トラフ巨大地震のようなケースでは、関東から関西まで
影響を受けてしまうかもしれません。どこまで想定するかは企業
の考え方次第になりますが、企業の予算も有限なので、想定する
災害に対して何ができるかを考える必要があります

②プロジェクト立ち上げ前の検討に十分な時間を取れる

　プロジェクト期間が長くなると、事前の検討にもある程度の期間を取る
ことができます。大型プロジェクトが増えるので、そのプロジェクトが予
算的に問題がないか、技術的にノックアウトな部分がないか、セキュリティ
や法定要件を満たしているかなど、さまざまな観点から確認する必要が出
てきます。

「十分に検討の時間が取れる」といういい面もありますが、その分、負荷
もかかります。プロジェクト立ち上げの稟議・プロジェクト計画を作成す
るためには詳細な金額見積もりをおこなう必要がありますが、実際には設
計に入れていないので、詳細な部分が確定していません。つまり、詳細に
見積もれません。この矛盾が、インフラの見積りの難しさになります。

　この矛盾の中で、リソース不足にもならず、ギリギリ足りる部分を狙
うのがインフラ担当の仕事だと私は思っていましたが、現在ではさまざま
な工夫をすることでそこまでギリギリを狙わなくてもいいと思っています。
それは技術の進歩による部分が多いですが、具体的なそれらの考え方は第
9章以降でカテゴリごとに記載していきます。

③中間報告が必要になる

　一般的に、100人月超のプロジェクトともなるとPMO（Project
Management Office）が組織されることが多くなります。そのくらいの
プロジェクトになると、フェーズフェーズでの進捗管理も重要になり、案
件の決裁者に対して中間報告をおこないます。大型プロジェクトで大幅に
遅延すると、すなわちそれは炎上プロジェクトを意味するので、そうなら

ないように管理します。プロジェクトマネジメント論については本書では記載しませんが、そのための管理負荷が増大することになります。

長期的なプロジェクトでポイントになること

　一番商品のライフサイクルが長い保険業界は、銀行に比較的似ている部分がありますが、商品の継続性の観点から、システムへの考え方も変わってきます。生命保険などは終身のものもあるので、かなり長くデータとアプリケーションを維持する必要があり、「安全に長期間稼働しつづけたい」という発想になります。

　しかし、インフラ面から考えると、システムのEOS（End Of Service）の対応は保険業界だから特別長くなるというわけではないので、通常のライフサイクルどおり（一般的には5年+α）に計画して進めます。よって、その期間に対する感覚は銀行に近いと思います。もちろん、証券でも基幹システムなどは同様のライフサイクルになりますが、EOS対応の案件の時にアプリケーションの大幅改良を盛り込むことが多くなります。それは扱う商品のライフサイクルが短いことが背景にあると思いますし、より時代のニーズに合ったものを提供するスピード感が求められているのだとも思います。

　話を保険業界に戻しますが、データとアプリケーションの維持を意識する場合、データベースやプログラミング言語は極力変化させたくなくなります。その要求はインフラの検討にも反映されるので、OSやミドルウェアの選定では強く意識する必要が出てきます。そのため、インフラエンジニアとしてはよりバージョン間の適合性を意識する必要が出てきます。

　このように、同じ金融業界といっても、時間の流れに対する考え方は大きく異なりますし、それがその業界の文化になっています。繰り返しになりますが、「どの文化が優れている」ということはありません。それぞれ

第1章　どうやって予算を確保するか　　31

長所がありますし、裏返すと短所になります。それらの文化を理解して計画を立てることが、見積もりの第一歩です。はじめに述べましたが、プロジェクト期間が長くなるほど工数に着目されやすくなり、短くなるほど相対的にハードウェアやソフトウェアへの投資割合が増えるので、それらの投資に着目されやすくなることを理解しておくことが適切な見積もりの近道になります。

　なお、証券・銀行・保険の間もかなり自由化されてきました。1990年代末から金融ビッグバンがスタートしてきたこともありますが、最近ではFintech企業の存在も大きいと思います。いわゆる護送船団方式で業務上の区分けが明確だった時代は過ぎ去り、異業種の参入も今後は増えていくと思われます。それらを加味すると、現在の文化も徐々に変わっていく可能性が高いですし、個人的には変われない企業はいずれ衰退する可能性があると考えます。文化は企業の歴史の積み上げなので、そこへの理解とリスペクトは重要ですが、それに固執するとうまくいかないことも事実だと思います。

　このように、文化による背景を理解することでプロジェクトへの理解が深まります。基本的な考え方や仕事のアプローチはどの会社のどのプロジェクトでも通じるものがありますが、やはり違いはあり、その違いは業界ごとに顕著に見られます。さらに、同じ業界内でも似てはいるものの、個々の企業となるとまた差があります。その差は、それぞれの企業の文化になっていると思います。

　文化を理解することは、その企業に合った見積もりへの近道です。以降の記載でも、自分の会社の文化や進め方をイメージしながら読んでいただければと思います。

◎業界で似ている文化はあるが、個々の企業でも違いがある

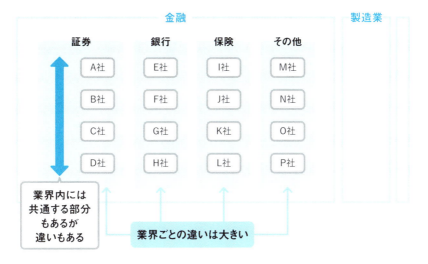

> コラム：お客さまのタイプの違いが文化の違いを生み出す

　私は、その業界のお客さまのタイプの違いに文化が大きく影響されていると考えています。

　たとえば、証券会社のお客さまと、銀行のお客さまでは、時間の感じ方が大きく異なります。店舗でもネットでもどちらでも同じですが、証券のお客さまは基本的に急いでいます。それは、株の売り買いをする時に1分前と後では価値が変わるからです。仮に株価が急落していれば、1秒でも早く売り抜けたいので、急ぐのは当然です。対して、銀行のお客さまの場合、たとえば振り込みをする時に1秒を争うことはないと思います。通信販売でものを購入して代金を振り込もうと思ったときに、1秒早く振り込んでも得することはありません。

　企業はお客さまを中心に考えるので、そのお客さまの感覚がそのまま社員の感覚に染みついてくると思います。

プロジェクトごとの予算確保から案件化まで

　予算は積み上げ（ボトムアップ）で決まらず、企業の目標と状況から判断した投資配分（トップダウン）で決まります。すでに記載したように、日本の多くは3年、5年程度の区切りで中期経営計画を立てて、さらに期ごとに詳細な計画を立てていきます。中期経営計画の段階では会社として大きな目標を定め、どのような分野に、どれだけ投資するかを検討します。

　中期経営計画が3年だとすると、1年目、2年目、3年目の投資配分をある程度決められています。基幹システムの更改や、重要な戦略案件などの大型プロジェクトがある場合は、その年度の予算が少し多くなっていると思います。ただ、年度によって投資額が大きく異なると、経営者から見ればアンバランスで経営しにくくなるので、安定化させようというマインドが働きます。

　なお、中期経営計画では大枠の予算を検討しますが、もちろん3年目まで計画どおりにいくことはありませんし、途中で変わるものと思ったほうがいいでしょう。経営環境は常に変わり続けているので、むしろ変わらなければならないとも思います。

コラム：ITへの投資

　日本はITに対しての投資が消極的といわれます。ご興味があれば、経済産業省のホームページを見てみてはいかがでしょうか。"IT経営"というキーワードで探すと、いろいろな角度からの分析データがあります。

　本書は「IT投資の経営に与える影響」というよりも「担当者（プロジェクトマネージャー）としてコストとどう向き合うか」をテー

マにしているので、予算配分の考え方は記載しません。もしご興味があれば、"IT経営力指標"がステージ1から4まで定義されているので、自社がどのステージに位置して、課題が何かを把握することをおすすめします。単純にITへの投資配分だけを検討すればいいというわけではありません。投資の中身が重要ですし、現在の自社のIT経営レベルを把握する必要があります。そこを理解することで、目指すべき方向性がわかり、必要なIT投資先が見えてきます。

RFPも出せなければPoCもできないタイミングで予算を取るための5つのポイント

このようにしてある程度の大枠が決まった状態で、半期もしくは四半期の計画を立てることになります。期ごとの計画では、具体的にどのようなプロジェクトをおこなっていくのかを決めていきます。会社ごとに見積もりや査定の担当者は違うと思いますが、多くの会社では企画セクションが担当します。おもな流れは以下のイメージになると思います。

・エントリーしたいプロジェクトごとに概算を算出し、合算する

↓

・予算オーバーのはずなので、プロジェクトの優先順位をつける

↓

・プロジェクトを色分けをして、予算内に収まるように調整する
（残す、落とす、減額して実施するなど）

プロジェクトごとの概算見積り算出は、けっこう手間のかかる作業です。かんたんに見積もれるプロジェクトであれば企画セクションで決めてしま

うこともあると思いますが、新規システムやアーキテクチャとして難易度が高い場合には、後々プロジェクトを任せたい人（プロジェクトが立ち上がったらプロジェクトマネージャーになる人）に相談することが多いと思います。ここでは、そういうタイミングで将来のプロジェクトマネージャーが相談されたケースを記載していきます。

　このタイミングでの見積もりの難しさは、何といっても「要件がまったく固まっていないものの、金額は出さなければならない」ことです。つまり、RFP（Request For Proposal）を出せる情報もありませんし、PoC（Proof of Concept）をやれるだけの情報、時間もありません。目的はプロジェクトの概算算出なので精度は必要ありませんが、見積もった金額からプロジェクトを開始してからの金額が極端に外れないようにしなければなりません。特に、見積もった金額からの予算超過は後からの調整が困難なので、それだけは避ける注意が必要です。

◎「大きく外さないけど、不足もしない」絶妙な見積もりが求められる

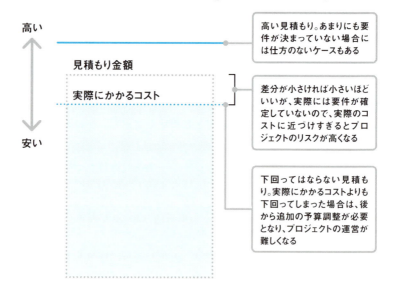

基本的に、このタイミングで見積もった金額は、プロジェクトのキャップ（予算の上限）になってしまうことが多いです。そういう意味でも、実際にプロジェクトを進めていって仮に問題が発生しても上限を超えないような金額を狙う必要が出てきます。

　また、通常はこの金額を算出するのに時間をかけません。「要件が固まっていないので、時間をかけても意味がない」というのもありますし、「予算調整に時間をかけても、開発をしているわけではないため、そこに時間をかけすぎるのは得策ではない」という理由もあります。お金の調整だけで、モノづくりをしていないので、価値は生み出していません。概要だけを確認して「こんなものかな」と決めていくのですが、あまりにもわからない場合には、前提条件を置きながら進めます。この時点でのインフラの見積もりとしては、以下のようなポイントを確認するのがいいと思います。

①どういうことをやりたいかを聞いて、必要なコンポーネントをおおまかに考える
②コンポーネントからシステムの規模（サーバー台数など）をイメージする
③既存のリソース（サーバー、ストレージなど）に空きがあるか確認する
④購入するハードウェアの規模を想定する
⑤使われるであろうミドルウェアを確認する

どういうことをやりたいかを聞いて、必要なコンポーネントをおおまかに考える

　これは案件をエントリーしたい人に、「システム化することで何をしたいのか？」を確認するしかありません。エントリーした人も詳細な業務要件は詰められていないので、明確に要件を出すのは難しい前提で話を進めます。そのため、お互いに想像しやすい部分だけをヒアリングします。

たとえば、「利用ユーザー数」という具体的な数は聞かず、「利用者」「部門」などを聞きます。すると、10人なのか、100人なのか、1000人なのか、くらいの規模のイメージはできるので、話の整理がしやすくなります。

　また、データサイズを聞かず、「どういう種類のデータを扱うか？」をヒアリングするのもいいと思います。これも、「具体的なデータサイズは？」と聞くと構えられてしまうためです。「どういう種類のデータを、どのように処理したいのか？」をヒアリングするとおおよそのイメージはつかめます。ここは「新しいデータが必要」とか「今あるデータを利用できる」などのコメントをもらえることがあります。

　必ず確認したほうがいいのは、次の2点です。

・災対環境が必要か？
・止まってしまうとまずいシステムか？

　災対環境が必要になると本番環境の倍近くのコストがかかることがありますし、万が一止まった時のビジネスインパクトが大きいシステムだとそれなりに可用性が必要になります。これらをエントリーした人と5分くらいの会話で聞き出して、前提条件を整理して構成を決めてしまいます。

　私がよく使うのは「これって止まるとヤバいシステムですかねぇ？」という質問です。「ヤバい」という表現は極めて抽象的ですが、「ちょっとヤバいかな」などと返答してくれれば、「どんなところですか？」と聞きやすくなります。

コンポーネントからシステムの規模をイメージする

　これは1つめのヒアリングと同時におこなってしまうほうがやりやすいと思います。たとえば「利用者が100人くらいの規模かな」と思ったときは、似たようなシステムを例にして質問します。

「Aシステムって、業務は違うけど処理的に似てると思いますが、どう思いますか?」

といった感じです。そういう問答をすることで、お互いのイメージを少しずつ合わせていきます。「似ているけど違う」と思えば違う部分を聞き出せますし、「イメージは近い」という話になれば例に出したシステムを参考にすることができます。繰り返しになりますが、相手も明確に言えない部分が多いので、そういうことを意識して会話するのが大事になります。

そうしてある程度の会話から、インフラ面からみたコンポーネントを想定します。APサーバー、DBサーバーの種類や台数、バッチサーバーの有無など、必要なコンポーネントがわかれば、概算の算出が可能になります。

既存のリソースに空きがあるか確認する

最近はサーバーもストレージも仮想化されていることが多いので、そういう環境を使える場合は空きを確認します。リソースプールとして管理されていればそこの空き容量を確認すればいいですし、「既存のシステムに相乗りできないか?」も考えることがあります。既存のリソースが活用できる場合には、投資を抑える工夫を予算策定の段階からおこないます。

ちなみに、パブリッククラウドを使える場合や、リソースプールを別予算で確保する場合は、プロジェクトとして必要な分だけ利用料を算出すればいいので、この考慮は不要になります。

購入するハードウェアの規模を想定する

　一般的に、最も高額な部位はストレージになります。そのため、ストレージの見積もりに失敗すると、プロジェクト中に困ったことになりかねないので、容量がなかなか想定できない場合などは多めに購入する前提を置きます。

　また、新規にアーキテクチャから検討が必要な場合には、先に述べた災対とバックアップの方式は考慮しておく必要があります。多少細かい部分にはなりますが、毎回インフラ担当としては頭を悩ませる部分ですし、金額的インパクトも非常に大きいからです。

「このシステムは停止時間の確保が難しいかも」と思えば、オンラインバックアップの仕組みも必要になります。逆に、サーバーの部分は、IA サーバーであればストレージほど高額にはならないので、予算が確保できなくてもなんとかなる場合があります。特に仮想化環境であれば、仮想サーバーを追加することも容易なので、後からでも対応できるケースが多くなります。当然、空きリソースとの調整になりますが、ストレージ構築のバッファを見込んでおくと、そこにサーバー構築は収まってしまうことがあります。それだけ、ストレージのコストは高額であるということになります。

使われるであろうミドルウェアを確認する

　ミドルウェアについては、製品によって高額になるため、データベース、BI ツールなどは何を使いたいかを確認しておくといいでしょう。以下に、高額になりやすい製品を記載しておきます。

・プロプライエタリなデータベース製品とそのオプション
・大量データを高機能で処理するタイプの BI ツール

・業務パッケージ製品と、その要件で必要なデータベース製品
・インメモリでデータ処理する製品

　データベースに関しては、プロプライエタリ（商用）製品は高額なものがあるので、それらを利用する可能性があるかどうかを確認する必要があります。

　BIツールも、製品によっては高額になります。特にBIツールは独特な課金体系を採用している場合もあるので注意が必要です。詳細は第2章の「ソフトウェアの価格の動向を調べる」を参照してください。

　業務パッケージについては、インフラからの要件で選定するものではないと思いますが、システム構成全体を考える必要もあるので、どのようにインフラリソースが使われるかを確認すべきです。

　インメモリの製品に関しては、扱った経験がないと、概算段階では算出が困難かもしれません。アーキテクチャとしても工夫が必要な場合は、算出が難しいとする前提を置いて、予算上のバッファとして交渉する手もあります。

　このような流れで見積もりを進めていくのですが、最後にコンポーネントごとにかかる金額・工数を把握していると作業が効率的になります。たとえば、

・ラックマウントサーバーを1台購入するといくらか？
・ストレージのシェルフを買うといくらになるか？
・DBサーバーを構築すると、1台どのくらいの工数が必要になるのか？

などです。これらを把握していることで、少しのヒアリングでもある程度説明のできる見積もりが可能になります。

　なお、本書では個々の製品に関しての費用や対応工数については記載しませんが、どのように考えればいいかを第2章以降で解説します。

第1章　どうやって予算を確保するか　41

予算が決まった後にすべきこと

　めでたく予算がついて、実際にプロジェクトを計画する段階になったとします。多くの会社では、プロジェクトの計画を立てて、稟議を作成するのではないでしょうか。"稟議"と呼ばれなくても、計画を立ててゴーサインをもらうスキームはあると思います。

◎見積もり、予算確保、稟議のスキーム

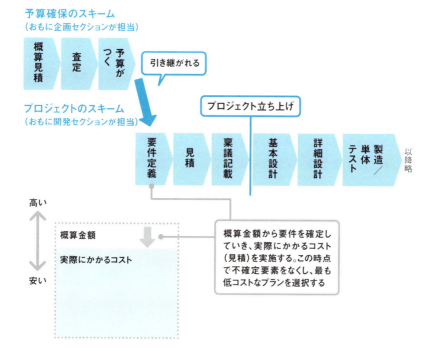

　この段階では、システムの要件がかなり決まっているはずです。一部詳

細に設計しなければ決まらない部分もあると思いますが、インフラのエリアにおいては決めきらないとならないことがほとんどです。要件を取りまとめ、RFPを記載する場合もあるでしょうし、ある程度内製力があれば自分で見積もってしまうこともあると思います。また、システムのサイジングが難しい場合においては、PoC（Proof of Concept）を実施することもあるでしょうし、複数の案がある場合には比較検討（pros and cons）を実施することもあると思います。いずれにしても、システムの全体像が見えて、失敗しない計画を立てるのがこのフェーズになります。

予算が想像以上に削られてしまった場合は

　前項のように、システムの予算策定はかなり粗い内容で見積もっているので、リスクがある部分には必要以上の金額を積んでいます。予算配分の決定は、多くの場合、企画セクションでおこなうと思いますが、当然その担当者もそういうロジックで見積もられていることは把握しています。そのため、見積もった工数から削られて予算がつきます。

　困るのは、思った以上に予算が削られるケースです。予算が削られてしまうと、その予算内でシステムを実現しなければなりません（私の経験的に、削られた予算から増額するのは大変です）。

　予算内でシステムを実現するには、要件を調整する必要が出てきます。アプリケーション開発では、機能を整理し、要件を絞るのが一般的ですが、インフラでは非機能の見直しが一番効果的です。非機能で最もコストに影響を及ぼすのは、可用性と性能になります。どちらも、高みを目指すと指数関数的にコスト増になります。そのため、過剰な非機能を削ることで、予算内に収めるのがいいでしょう。なお、非機能の考え方については、第4章でくわしく触れたいと思います。

　本書はコストをテーマにしていますが、その目的は低予算でシステム化することになります。コストを下げるために実際に考えるべきポイントや

テクニックなどは本書を通じて記載していきますので、その内容をうまく取り入れて、削られた予算内で構築することを目指してください。

コストを下げる基本原則は
「必要以上の開発をおこなわない」こと

　最後に、きわめて基本的な部分のみを記載して終えようと思います。アプリケーションの開発であれ、インフラの構築であれ、コストを下げる基本原則は「必要以上の開発をおこなわない」ということです。

　私もこれまでに「この予算では厳しい」と思うことが何度かありました。そういう時には、一歩引いてシステムを見つめることも大事です。システム化したいと思っているユーザー部門が常にニュートラルな判断を下せているとも限らないので、「ユーザー部門の思い込みによって過剰な要求になっていないか?」を考えるのも必要です。

　考えるうえで一番効果的なのは、システムが何らかの理由で停止するケースを想像することです。

　「システムが停止してしまったときに、どれだけの人が困るのか?　どれだけの金額的損失があるのか?」

を考えるのです。システムが止まってしまっても、「じつは面倒だけれども、マニュアルのオペレーションで回避できる」のであれば、コストカットできる部分があるかもしれません。そのため、システム化したいという人の要求が納得できるものかは、常に冷静に判断できるようにしておく必要があります。

　ここまで、日本で一般的と思われる予算に対してのアプローチを記載しました。プロジェクトリーダー未経験でも、どういう仕組みで予算が組ま

れているのか、そしてプロジェクトの立ち上げまでのプロセスは知っておくべきことだと思います。

　なお、最近流行りのアジャイル、DevOpsではこれらのプロセスが異なるので、適用する場合にはシステム利用者、つまりユーザー部門の意識改革や、システムの開発プロセス、稟議プロセスそのものの見直しが必要になります。今回はそこまで記載しませんが、コスト削減のテクニックはアジャイルであっても共通するものは多いと思います。

コラム：心配性のユーザー部門への2つの対策

　システム化を希望するユーザー部門は、過剰な要求をすることが多くあります。実際の担当者からすれば、システムが停止すると日々の業務に影響があるので、極力停止しないほうが望ましくなります。また、過去にシステムが停止して苦い経験を持っているユーザーだと、そのような考え方は強くなります。場合によっては、いくら交渉しても応じてくれないこともあるでしょう。そういう時に、私は2つのアプローチを取ります。

　1つは、本当に大事な処理を確認することです。たとえば、「どうしても昼の11時までにおこなわなければならない処理がある」などです。11時までの処理が大事であれば、インフラとしては11時以前の稼働が重要になります。そこがわかれば、性能に対してのアプローチも見えてきて、効果的なインフラを検討できます。

　もう1つは、金額で表現することです。たとえば、「5分停止すると困る」というユーザーがいたとします。一般的に、5分を完全に守るにはかなり投資が必要になります。ただ、それが20分になると選択肢も広がりますし、構成がまったく違うものになります。ユーザーからすると、15分の違いで金額が大きく変わることなど想像もしていない人が大半なので、「5分」というユー

ザーがいれば、「20分」「1時間」など、いくつかのバリエーションで金額の概算を伝えるのがいいでしょう。そうすると、納得も得やすくなります。

なお、ユーザーによっては「何でそんなにコストが変わるのか？」と興味を持つ人もいます。面倒だなと思うかもしれませんが、そういう時はチャンスです。丁寧に説明することで、信頼も得やすくなりますし、リリース後のトラブルの時にも説明が省けたり、無用な心配を緩和することができます。

第 2 章

製品を
安く買うための工夫

「製品は安く、工数はほどほどに」がコツ

　システム構築には「ヒト」と「モノ」が必要です。まずは「モノ」を買う部分についてフォーカスをあてます。モノは大きくハードウェア、ソフトウェアに分けられますが、ここでは個々の製品については触れず、考え方を整理していきます。製品については第9章以降で記載します。

結局、プロジェクトの主役は人

　たとえば、あるサーバーを買うとしましょう。まったく同じ製品ならば、100万円で買っても90万円で買っても、同じモノですよね※。90万円にディスカウントしたからといって、品質が落ちることはありません。もしそのような品質コントロールをするとなると、そのメーカーはかえって管理コストが上がってしまい、現実的ではなくなります。

> ※誤解がないようにしておきたいのですが、安い製品に置き換えるのとは違います。安い製品に置き換える場合は、構成の工夫だったり、SLA（Service Level Agreement）の見直しだったり、明確な理由づけをおこない、納得してからにすべきです。

　一方、まったく事情が変わってくるのはヒトのほうです。ヒトについて価格交渉する場合、無理に減らすと「単価で調整する」か「時間で調整する」かになります。契約については後述しますが、どのような契約でも基本的には同じロジックが当てはまります。つまり、ヒトのほうは減らしすぎると、優秀な人材が確保できなくなるか（単価で調整）、やれることが

少なくなります（時間で調整）。

　結局、プロジェクトの主役は人なのです。そのため、まず予算を極力ヒトに振るための工夫が必要です。私がこれまで見てきたプロジェクトで苦労しているのは、大半がこの考え方を実践できていないものです。よく見られるのが、モノの購入について努力しないパターンです。「過去の購買実績から判断して、ここまでディスカウントできていればオーケー」としていないでしょうか？　私は、それは努力不足だと思います。それで買えてしまうほど潤沢な予算があれば問題ないのかもしれませんが、私は仮に予算があったとしても、ディスカウントを狙いにいって、下がった金額は、不足があれば工数に回したほうがいいと思います。

ジャンプできる組織にはアソビが必要

　これまでいろいろな組織を見てきましたが、メンバーが疲弊している典型的な組織は、そのリーダーが人的コストを徹底的に落としているタイプです。一見すると無駄のない優れたリーダーのように思えますが、実際には予算がなく常にカツカツで仕事をしています。特に若手のころに「残業しないで帰りなさい」と言われる部署を何度か経験したこともありますが、ある程度本人の裁量で動けるようにすべきだと思います。もちろん残業を推奨するわけではありませんが、プロジェクトや日々のタスクにも波があるわけで、がんばらなければならないタイミングもあります。本人にある程度裁量があれば自分の意志で仕事ができますし、健全な状態だと思います。以前、Google の 20％ルールが話題になりました。最近は維持するのが難しいとも聞きますが、その考え方は重要だと思います。20％という数字にこだわる必要はないと思いますが、その考え方をどれだけ維持するかはリーダーの考え方次第です。

　私は組織を健全な状態に維持するために、以下のルールを守ることにしています。

・有給休暇を取りやすくする（1つのタスクを2名以上で対応する）
・「セミナーに参加したい」という希望は認め、むしろ推奨する
・「残業したい」という申告は労務的に問題にならなければ認める

　これらの時間を作れる状況にしておくことが、メンバーを体力的にも精神的にも健全な状態に維持できるようにすると思っています。

　なお、私はコスト削減を指示しないわけではありません。実際には、部下に繰り返しコスト削減を求めています。しかし、根性論での削減は求めません。システムの仕事をしているのであれば、仕事のやり方の見直し、テクノロジーの活用など、“ロジカルな方法”でアプローチすべきです。「エンジニアであれば技術でなんとかしよう」と言うこともあります。

　大切なのは、そういう“ロジカルな方法”を“考えられる時間の確保”です。コスト削減に停滞しているメンバーがいれば、アプローチのヒントを上司は与えるべきです。明確にヒントを与えられなければ、いっしょに考えればいいと思います。1つコスト削減に成功すれば、次のアプローチをいっしょに考えてみてはどうでしょうか。考えることは前向きに仕事をしていることを意味しますし、モチベーションも上がってきます。そういう時間を大事することで、合理的にコストも下げられます。

　なお、私はコスト削減に成功した場合、その削減額をすべて解放しません。たとえばいつも100で仕事をしていて、70でできるようになったとすると、本来30削減できるのですが、20しか削減しないことにします。残りの10は自分の組織のインセンティブですし、次の活動をするための原資です。何かを変えたいのであれば、一定のアソビが必要ですが、そのために10を残しておくのです（もちろん、アソビは“遊び”ではありません）。そこを見誤ると、どうにもならないカツカツ組織になってしまいます。常に背伸びをしていてはジャンプできません。ジャンプするには一度ひざを曲げるアソビが必要です。私はそういう組織が健全だと思っています。

製品の強み、弱みを
正確に把握する

考えうるすべてのメーカーのカタログを入手し、
スペックを徹底的に比較する

　まず、基本中の基本ですが、交渉するにあたり一番大事なのは、相手を知ることです。モノだと相手は製品になります。競合製品であっても、よくよく調べてみると、明らかに1つだけいい製品があったりします。逆に、ダメなものを見つけてしまうこともあります。仮に金額が同じだった場合、ディスカウントにはならないかもしれませんが、いい製品に置き換えたほうがいいですよね？

　私が製品を知るうえで大切にしているのは、ベンダーの人が驚くほど細かくチェックすることです。過去、サーバー、ストレージの購入を検討した時に実際におこなったことを記載していきます。

　まずは、考えうるすべてのメーカーのカタログを入手し、スペックを徹底的に比較します。わかりやすいところでは数値の比較になりますが、そこにトリックがないかも確認していきます。たとえば、ストレージ性能の指標の1つにIOPS（Input／output Operations Per Second：1秒間に可能なI／Oの回数）がありますが、これは条件をよく確認しないと数字だけではトリックに引っかかるので注意が必要です。詳細は第11章で記載します。

第2章　製品を安く買うための工夫　　51

機器を見せてもらうために「きてください」と言わない 3つの理由

　ひととおり製品を比較した後は、実際に機器を見せてもらいます。多くのIT機器メーカーはデモ機を持っています。PoCの検証で利用する場合もあれば、トラブルの検証で使用する場合もあります。使用中だと見せてもらえないこともありますが（ほかの顧客の検証をおこなったりしていることが多いです）、可能な限り確認します。

　確認する時は、たいていベンダーの検証センターや工場に向かいます。自社にきてもらって「見せてください」ということはしません。理由は3つあります。

・実際に動いているところを見てみたい
・製品の専門家に会いやすい
・相手に本気を伝えたい

①実際に動いているところを見てみたい

　実際に動いているのを見るのはとても大切です。たとえば「活性保守※が可能な部品だ」と言われた場合、実際にやってみてもらうのは非常に興味深いものです。過去にやってもらったらシステムがダウンしてしまったこともありましたし、実際に交換する作業を見れるのはいろいろとプラスになります。部品が故障したときにCEさん（カスタマーエンジニア）が交換することになると思いますが、その時の作業が具体的にわかるわけですから、後々の保守においても計画をイメージしやすくなります。「作業に時間がかかります」と言われても、実際に見て複雑な作業であれば納得もできます。

　　※機器を使用した状態（通電したままの状態）での保守。

そのため、横から見ているだけでも学ぶことはたくさんあり、できる限り観察することをおすすめします。

② 製品の専門家に会いやすい

相手先に訪問すれば、たいていの場合、自社で営業さんと営業系の SE さんの説明を聞くよりも一段くわしいエンジニアが会ってくれます。その時に、見せてもらった実機についていろいろ質問します。たとえば、カタログだとまったく同じように感じる IA サーバーも、複数製品を実際に見てみるとけっこう違いがあります。配線の処理、ファンの構成、マザーボードの設計などです。経験的に、3 つほど競合製品を見てみると、目が肥えてきて、少しずつ良さと悪さがわかってきます。私が一番大事だと思うのは「内部がスッキリしている」かです。直観的な部分もありますが、その直観が大切だと思います。机の上がゴチャゴチャしているといろいろな面で非効率ですよね。それと同じです。当然、ゴチャゴチャしていればミスも生まれやすくなります。触らなくてもいい配線に触れてしまうかもしれません。そういうものは見てみるとわかってくるので、経験を積んでいくといいでしょう。

③ 相手に本気を伝えたい

じつはこれもけっこう大切で、価格交渉やサポート、トラブル対応などでプラスに働きます。私はよく外出するので、一見すると仕事の効率が悪いと思う人もいるかもしれませんが、そこにはいろいろな伏線があり、経験的に非常に有効だったと感じています。実際にベンダーの拠点に行くだけでも、普通の人とやり方や考え方が違うことを印象づけられます。その印象というのが、交渉をおこない、長く付き合っていくのには重要なことです。

また、サポートやトラブル対応では、実際に見に行ったコネクションで円滑に進む場合もあります。特に、挨拶する時にいただく名刺は大事にしておいたほうがいいと思います。名刺も、単純に名前を聞くだけではなく、

そこから得られる情報も大事にします。名刺には必ず組織名が書かれていますよね？　その組織を確認しておくのも有効です。自分が購入するかもしれない製品の優秀なエンジニアがどの組織に所属しているかを知る、またとないチャンスなわけですから。名前と役職だけ見ているだけではもったいないので、その組織について聞いてみるのもいいでしょう。

　「XXX さんは YYY 部に所属されてますが、何人くらいいるんですか？」
　「YYY 部の拠点は現在私たちがいる場所ですか？　それとも別にある
　拠点でしょうか？」

などです。人数がわかれば規模がわかるのでサポート力も見えてきますし、拠点が分かれていればトラブル対応時の回答に時間がかかるかもしれません。それは、相手が日本企業であっても海外の企業であっても同じです。相手を理解しようとすることが大切で、それが相手に対しても"本気"として伝わります。

コラム：おもちゃを分解したことありますか？

　「エンジニアかどうかは、子どものころにおもちゃを分解したか
　どうかで決まる」

そんな話を以前上司としました。100%それで決まるとは思いませんが、少なくとも探求心が強いかどうかは重要な要素だと思います。
私も、いろいろなおもちゃを分解してきました。小さいころは車や電車のおもちゃを分解しましたし、小学生のころも親の目を盗んでドラクエをやるためにテレビのアンテナケーブルを分解して加工したりしていました。分解すること自体が好きというよりも、「壊れてしまった時に、何で壊れたのか知りたくなる」というの

が動機だと思います。分解して、「ここが壊れているのか」と思えば諦めがつくというか、納得していたのです。

また、かんたんな故障であれば自分で直してしまうことも多いので、そういうある種の成功体験の積み重ねで分解してしまうのだと思います。最近でも、保証期間が終わったものであればとりあえず分解します。家電製品は外せるネジは外してみますし、スマホのバッテリー交換もやってみたりします。そういう癖のようなものがあるからかもしれませんが、特に仕事で使うものに関しては確認してみたくなります。自分で確認して納得してはじめて、自信をもって製品を選択できるとも思います。

社内の購買履歴から割引可能な金額を見極める

次は、価格の動向を調べます。これには社内と社外の両方の分析が必要ですが、まずは社内で過去の購買履歴を調べてみましょう。発注管理を1か所の部門でおこなっていれば、そこに情報が集中しているはずです。その情報を使うことで、これまで購入した製品の価格、特に知りたい割引率を確認できます。なお、その情報は購入先との信頼関係にも関わるので、重要な情報として扱う必要があります。決して外に漏らしてはいけません。万が一購入価格や割引率が競合に漏れてしまった場合、大きな問題になります。

それぞれの製品の割引率をチェックしていくと、そのままでは使えない情報であることもあります。購買情報には購入数が入っていない場合があるからです。購入先、購入金額、契約日などの情報はあると思いますが、購買情報の明細が契約単位になっているため、同じ製品を複数買っている場合や、別の製品を複数購入して1本の契約にしている場合だと、その合計しかわからないことがあります。そういう場合は、1つの製品の単価

第2章　製品を安く買うための工夫　　55

を確認していかなければならなくなります。

　事務的コストを考えると、契約数を減らすほうが合理的です。同じ会社からいくつかの製品を複数購入する時に、契約を製品ごと別々にしては非効率です。しかし、後々情報として使う時にはそれぞれの製品単価がわかるようにしておかなければ手間がかかりますし、最悪わからなくなってしまうことがあります。

　また時々ありますが、1つ1つの製品の単価がどうしてもわからないケースがあります。販売元のベンダーがあえて1つ1つの単価をわからなくしていることもあります。理由はいろいろありますが、よくあるパターンとしては、まとめることでディスカウントしているためです。1つ1つの製品に対して割引をしたのではなく、ビジネス取引としてのボリュームが多く、まとめて値引きするケースです。そのような時には1つ1つの製品単価は明確にわからないので、さまざまな情報を組み合わせて推測するしかなくなります。

　過去の購入単価が整理できた後、それぞれの単価を見ると、同一製品であっても、同じ金額ではないことがあります。むしろ一定の割引率であることは稀で、大規模プロジェクトのほうが割引率がよくなります。つまり、ボリュームディスカウントが効いているからなのですが、その情報が重要になります。通常、ベンダーの割引には価格テーブルがあり、階段状になっています。100個買うと10％割引、500個買うと20％割引、1,000個買うと30％割引のような感じです。

◎価格テーブル

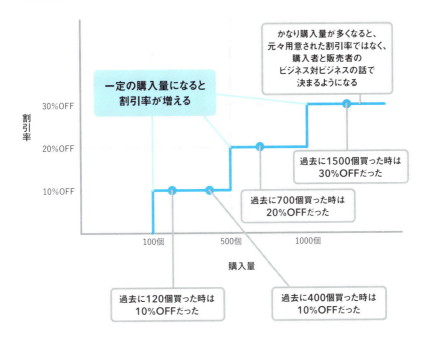

　購買情報がたくさん残っている場合には、この価格テーブルを推察することができます。そこが推察できれば、自分のプロジェクトの予定購入数と比較して、現実的に割引可能な金額が見えてきます。

　なお、時々価格交渉が苦手な人をみかけますが、おおむねこのような分析ができていません。ディスカウント交渉をする場合は、事前にどこまで値引きできるのかをあらかじめ分析しておくことが重要です。目標額に対して大幅な値引きを要求しても、先方にもビジネスがあるので通ることはありません。

　ここまでは社内の情報を集めれば分析できるので、比較的実施されているのではないでしょうか。より難しくなるのは、社外の情報収集のほうです。価格の動向は、ハードウェアとソフトウェアでは大きく事情が異なるので、分けて記載します。

ハードウェアの価格の動向を調べる

　まずハードウェアですが、ほとんどのハードウェア部品は年々値下がりします。CPUであればマルチコア化が進みますし、HDDであれば大容量化が進みます。つまり、その傾向はそれぞれ1コア、1Gあたりの単価が下がっていくことを意味します。

　価格の下落率は一定ではないことにも注意が必要です。たとえばSSDは急激に価格が下落していましたが、2016年あたりから下落が止まりつつあり、時には上昇するようになってきました。要因はいろいろあると思いますが、それらを組み込んだ製品の価格交渉にも影響を与えるということを知っておく必要があります。そのため、単にハードウェア製品の価格情報を集めて傾向を分析するだけでなく、その中に使われている主要部品の価格変動も気にしておく必要があります。

　価格の分析をおこなった結果、別の情報も得られます。それは、「理想的な買い替えタイミング」です。システムは5年以上使いますが、本当にそれがコストパフォーマンスとしていいのでしょうか？　ハードウェアの単価が下がるということは、どこかで買い替えたほうが効率がよくなります。単価が高い時に買った古いサーバーは、ランニングコストも高いからです。そのため、新しいハードウェアに入れ替えたほうが安くなる損益分岐点を把握できます。

　たとえば、1年目に10コアで1,000万円のサーバーがあったとします。年間の保守料は、計算しやすいように製品の20％とします。そうすると、年間保守料は200万円になります。

　3年目に、20コアのサーバーが700万円で発売されたとします。同じく保守料は20％だとすると140万円になります。

　この時点で、1年目に購入した製品は、3〜5年目の保守料を支払うとして 200 × 3 = 600 万円になります。1コアあたりに換算すると、600 ÷ 10 = 60 万円です。一方、新しいサーバーは、3年間で比較すると、700

＋ 140 × 3 ＝ 1,120 万円になります。1 コアあたりに換算すると、1120 ÷ 20 ＝ 56 万円になります。

◎損益分岐点

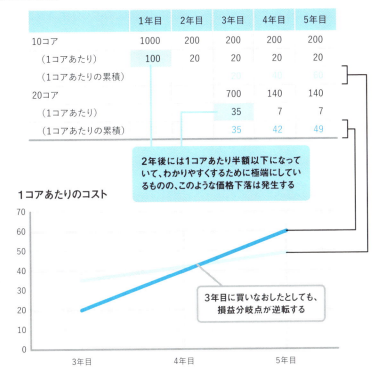

この例では少し極端な数字にしていますが、仮に 5 年ではなく、延長保守を想定して 7 年で計算すると、このような逆転現象は発生します。つまり、単純にサーバーのコストだけを考えれば、頻繁に買い替えたほうが安くなるケースがあるのです。

なお、価格だけでハードウェアの入れ替えは決められません。入れ替えには作業・テストなどのコストが発生するからです。ただ、価格面から分析することで、そういう戦略のヒントを得ることができます。

ソフトウェアの価格の動向を調べる

　続いてソフトウェアですが、こちらは一度決まった価格はそうそう変更されません。ハードウェアのように物理的に進化するわけではないからです。そのため、コストに関して検討しなければならないポイントは違ってきます。

　ソフトウェアのコストを考えるうえで一番重要なのは、ライセンスルール（ソフトウェアの課金体系）です。ハードウェアは実際にモノが存在するのでわかりやすいのですが、ソフトウェアの場合は販売元ベンダーのルール次第でいかようにでもなるので、複雑になります。代表的なライセンスルールを以下にまとめます。

・物理的な CPU によるもの
・仮想マシンで OS に割り当てるもの
・実際にソフトウェアが使用する CPU コア数によるもの
・実際にソフトウェアが使用する CPU クロック数によるもの
・ソフトウェアが稼働した時間によるもの
・ソフトウェアが扱うデータ量によるもの
・利用ユーザー数によるもの
・利用可能なユーザー数によるもの
・災対環境でライセンスが必要なもの、もしくは災対環境用のライセンスがあるもの
・開発環境でライセンスが必要なもの、もしくは開発環境用のライセンスがあるもの
・サブスクリプションのモデルのもの（OSS に多いです）
・クラウド専用のライセンス体系を持つもの

　少なくとも私が知る限り、これだけの体系のものがあります。また、た

とえば 1 つめの物理的な CPU に課金されるものでも、Oracle 製品のように、モデルで考え方が変わるものもあります。CPU のソケットに課金されるパターンと、ソケット内のコア数に課金されるものもあります。さらに、上記の体系が組み合わせられることもあり、理解するのにかなり労力を使います。

　経験的に、複雑怪奇なモデルを組んでいる製品は、そもそもライセンスモデルの設計が悪く、時代の変化にも追従できずに変なルールが追加されているケースが多いと思います。利用者からすると使い勝手が悪いのですが、そこは我慢して使うか、別の製品を使うかを考えなくてはなりません。ライセンスモデルが悪くても、ソフトウェア製品としての良し悪しはまた別問題なので、総合的に判断するしかないと思います。

　なお、2017 年現在ではクラウドに対応しきれていない製品もいくつかあります。強引に解釈されるパターンと、ルールが追加されるパターンがあるので、よく動向を確認しておく必要があります。繰り返しになりますが、ソフトウェアは価格が変わることは少ないものの、これらのルールの影響を受けることが多いので、購入時はよく検討したほうがいいと思います。

第 2 章　製品を安く買うための工夫　　61

ダブルスタンダードで
価格をコントロールする

　どんな買い物でも、1社独占だと交渉が難しくなります。たとえば、車を安く買いたいと思えば価格情報サイトなどを参考にする手もありますが、一番効果的なのはライバル車との競合見積もりでしょう。

　これはITの世界でも同様です。会社のシステムを1社にすべて任せて、製品をそこからすべて購入していると、そのコストが適切かの判断が難しくなります。そうならないようにするには、常に2社以上の競合ができるようにしておく必要があります。もちろんシステムの場合、多くのものがカスタムメイドされているので、製品だけを入れ替えるのはかんたんではありませんが、そういう手段を持っておく必要があります。そのため、理想は社内に2製品を並行で扱うことだと思います。

　もちろん、規模の問題もあったり、2製品にしてしまうと逆に都合が悪くなる場合もあります。たとえばIAサーバーであれば製品の差がほとんどないので2製品使っても大きな問題になりませんが、仮想化製品などは難しいのが実態だと思います。VMwareとHyper-VとXenのいずれか2つを使うだけでも、管理コストが上昇してしまいます。そのため、判断が難しくなる部分もありますが、極力2製品導入し、競合できる状況を維持するのが重要です。ここでは、ダブルスタンダードを維持するポイントを記載します。

①製品を自分で目利きする
②インフラをレイヤーで分割する
③汎用的なものを選択する
④アプリケーションの影響を受けにくくする
⑤ダブルスタンダードにするのが難しい製品があることを理解する

製品を自分で目利きする

　まず大事なのは、目利きになります。競合させるのであれば、同じランクの製品でなければ意味がありません。ハードウェアには多くのベンダーがハイエンド、ミドルレンジ、ローエンドと製品のランクを分けています。競合させるには、同じランクにする必要があります。先ほどから例にしている車でいえば、トヨタのクラウン（高級車）とホンダのフィット（大衆車）を比較しても競合にならないのと同じです。

　なお、製品はたくさんの種類を採用してしまうと、それら製品ごとに要員や体制、契約などの手続きが必要になり、使う時にも学習コストなどがかかるので、種類は少ないほうが効率的です。そのため、最小の2つにする必要があるのですが、それは「2つしか製品を選べない」ことを意味します。同じランクの製品を複数のメーカーが出していれば、その中から2つだけを選ぶ必要があり、製品の特性から将来性までいろいろな角度から確認する必要があります。そのためには「製品の強み、弱みを正確に把握する」で記載した内容が重要になります。

インフラをレイヤーで分割する

　インフラの構成要素は、以下の図のように、ストレージ、SAN スイッチ、ネットワーク機器、サーバ、仮想化製品、OS、MW（ミドルウェア）、アプリケーションとレイヤーに分かれ、多段になっています。

◎インフラの構成要素のレイヤー

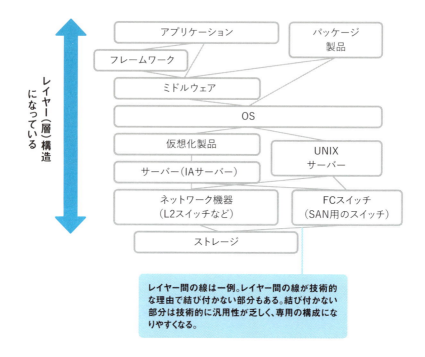

　これらのレイヤーごとに製品を入れ替えることが可能なのですが、それには工夫が必要です。アーキテクチャの組み合わせ上、どうしても組み合わせることのできないものもあります。わかりやすい例であれば、IAサーバーにUNIX OSを搭載しようと思っても動作させることはできません。それらの組み合わせの相性を各レイヤー間で検討する必要があります。

汎用的なものを選択する

　相性の問題を1つ1つ考えるのは非常に手間がかかります。そのため、汎用的な製品を組み合わせていくほうが得策です。特に業界標準に準拠し

ているものを選択したほうがいいでしょう。業界標準のインターフェース設計によって、各レイヤーの境目で製品を組み替えやすくなります。

　業界標準に加え、製品のサポートマトリクスが豊富な製品のほうが選択しやすくなります。たとえば SAN ストレージの場合、ストレージベンダーが FC（Fiber Channel）スイッチとの接続検証をおこなっています。FC の規格自体はありますが、それでも本当に動作するかはテストしないとわかりません。そのテストをベンダーで実施してくれているものがサポートマトリクスになります。そのため、製品を選定する場合にはサポートマトリクスをよく確認し、どういう構成の実績があるかを確認したほうがいいと思います。

　なお、汎用的な製品の対極にあるのがアプライアンス製品です。たとえば、「非常に高速なシステムを構築したい」「特定の処理を効率的におこないたい」というようなケースにおいてはアプライアンスは有用です。また、構築期間が極端に短い場合に、買ってきてすぐに使えるアプライアンスを選択することもあると思います。その場合は時間をお金で買うイメージでしょうか。ただ、アプライアンス製品は特定の目的に絞った場合には非常に効果的ですが、広く一般的なシステムを対象にしたい時には向かないと思います。いずれにしろ、アプライアンス製品は購入する目的を明確にして導入する必要があり、一度導入すると別の汎用的な技術に置き換えるのはかなり大変になります。そのため、利用者目線から考えると囲い込みリスクが非常に高いともいえます。なお、アプライアンス製品に関しては、第 12 章の「アプライアンス製品か汎用品か」で詳細に記載します。

アプリケーションの影響を受けにくくする

　インフラのレイヤーごとに製品を入れ替えられるようにしたとしても、実際に入れ替えるとさまざまな問題が発生します。少なくとも入れ替える時にはテストをおこないますが、テストするとシステムが動かないことが

あります。その多くは、アプリケーションのプログラムが何らかの問題によって期待どおりに動かないためです。特に、インフラの構成要素の図のレイヤーのアプリケーションに近い層（上段）は影響を与える可能性が高くなります。

　容易に入れ替えるのが難しいのは、おもに MW と OS になります。MWや OS の組み合わせで言語を再コンパイルしなければならないプログラムもあるでしょうし、データベースなどのミドルウェアを入れ替えようとするとプログラムから発行する SQL が通らないかもしれません。仮に SQLが通ったとしても、アクセスパスが変わってしまい（実際にデータを取得するためのロジックで性能に大きく影響する）、期待どおりにプログラムが動かなくなることがあると思います。そのため、アプリケーションに近い層の入れ替えは容易ではなくなります。しかし、入れ替えることを意識した設計・実装にしておかなければ、ダブルスタンダードは実現できません。そのためには、極力汎用的で標準規格に準拠したプログラム実装が必要になります。

　なお、逆にアプリケーションの影響を受けにくいレイヤーもあります。OS よりも下位のレイヤーです。特に仮想化製品を使用している場合は、ハードウェアの入れ替えを容易にするので、うまくコントロールすることでダブルスタンダードを実現しやすくなります。

ダブルスタンダードにするのが難しい製品があることを理解する

　ダブルスタンダードにするのが難しい製品もあります。それは仮想化製品です。すでに記載したように VMware、Hyper-V、Xen などの製品がありますが、これらを複数導入したところで、メリットはかなり薄くなります。製品を競合させてディスカウントする以上に、管理コストが増大してしまうからです。提供される機能はほぼ同等ですが、ゲスト OS のイメージ化

や管理コンソールなどが異なるので、入れ替えるのは容易ではありません。入れ替えるための工夫とコントロールをするくらいであれば、1つの製品を使いこなしたほうがメリットがあると思います。一般的なユーザー企業であればサポートを重視してプロプライエタリの製品を選択するほうが合理的でしょうし、クラウド業者のように大量の仮想マシンをコントロールするのであればOSSベースのものを自前で保守したほうがいいと思います。

コラム：レイヤーで分割してダブルスタンダード化するとマルチベンダーになる

レイヤーで分割していくと、その分割したレイヤーごとのエンジニアが必要になります。内製化できていれば自社のメンバーで複数のレイヤーを保守することも可能ですが、レイヤーごとのエンジニアの会社が分かれてしまうような場合は必然的にマルチベンダー構成になります。そのため、レイヤー分割は保守の体制も意識する必要があります。

ダブルスタンダードも同様です。これも自社のメンバーで保守できればいいのですが、競合させている製品なので、エンジニアも競合する会社に所属している可能性があります。そうなると、人的リソースを二重に確保しなければならないので、モノの効率は良くなっても、ヒトの効率は悪くなります。その点も考慮して検討を進める必要があります。

購入時に確認すべき
3つのこと

　モノの購入の最後として、最低限これだけおこなっておけばいいのではないかというものをまとめます。

①購入のタイミングを意識する
②特価申請の仕組みを理解する
③見積もりを分解する

購入のタイミングを意識する

　車を購入したことがある方はご存知だと思いますが、ほとんどの場合、3月の決算セールで安く購入することができます。ITの製品も同じで、決算の時期は安く購入できます。そのため、タイミングを逃さずに購入したいところですが、気にしなければならないのはITの場合は海外製品が多いところです。つまり、日本の会計期間とはズレています。3月が安いわけではないので、そこは会社ごとに確認が必要です。

　ただ、あなたがプロジェクトを進めている時に、たまたまそのタイミングで買えればいいですが、実際にはいろいろな事情で合わせるのは難しいでしょう。「今は交渉しても値引きが渋いから、8カ月待ってほしい」などと言えないと思います。購入をずらすことによってプロジェクトのスケジュールを変更するのは難しいでしょう。その場合は、四半期締めのタイミングを狙うといいと思います。海外企業の場合は、1年ごとの評価も重要ですが、四半期の評価も重要です。そのため、四半期でも一定数の成果が求められるので、そこを狙うのです。

なお、ここで注意しておきたいのは、期末のタイミングで重要なのは契約日であることです。支払いではありません。たとえば 9 月末が期末であれば、9 月 30 日までに契約を済ませればいいということです。

特価申請の仕組みを理解する

　気に入った車があって、見積もりを取ってみると、たいてい少し値引きがされています。しばらく営業さんと話して「もっと安くできないのか」とか競合車種の見積もりの話をすると、「少し待ってください」と言って席を外すことがあります。実際には上の人（店長など）に相談に行っているのですが、相談するとさらに値引きが進むことがあります。つまり、担当の営業の値引きに対する決裁権限と、店長の値引きに対する決裁権限には差があるということです。

　IT の世界も同様で、担当営業の権限と、その上の人の権限は異なります。IT の場合に厄介なのが、購入する製品の本社が日本ではないことが多い点です。つまり、担当営業が日本法人の場合、本社に対して決裁を取る必要が出てきます。決済には必要な情報があり、基本的には値引きするためのメリットを記載するのですが、そこから先は担当営業との信頼関係になります。「本社に対してどういう情報が出せれば説明がしやすいか？」などの相談をしていきます。

　相談の項目については、残念ながらケースバイケースなので一概に表現することは難しいです。ただ、基本的には「両社のビジネスが拡大する」つまり「Win-Win の関係になる」ことが求められると思います。もう少し具体的に記載すると、ボリュームがある時で、かつ、さらに購入しようとする製品の利用が拡大する可能性がある時が一番効果的です。利用者は製品の導入によってビジネスが成功すれば Win。ベンダーは成功してさらに拡大すれば販売できる可能性が高まって Win ということです。そういうやりとりを重ねて、交渉にうまくなっておいたほうがいいと思います。

自信がなくても、トライすることが重要です。

コラム：本気のディスカウント価格は 購入する案件の中でしかわからない

　さまざまな製品の価格を評価するうえで難しいのが、単純な定価だけで比較ができないところです。定価はあくまでも参考価格でしかないため、本当の購買価格ではありません。ベンダーによっては定価で販売することを基本としているケースもありますし、ディスカウントを前提としているケースもあります。ディスカウントを前提としていてすごいディスカウント率を見せられると何だか得した気分になってしまうかもしれませんが、実際には購入価格で決める必要があり、5% OFF の製品のほうが 80% OFF の製品よりも安ければ、5% OFF の製品を購入すればいいということです。その時に、5% OFF だからあまり割り引いてもらえていないのかといえば、そうではありません。「実際の購入価格が安いので、ベンダーとしても十分に価格努力している」と考えていいことになります。

　ただ、実際のところは、5% OFF と 80% OFF のような極端な差になることはありません。その場合、5% OFF のほうはほとんど定価が販売価格になっているので、ほかのライバル企業に販売価格を教えてしまっているようなものです。ライバル企業がどうしても売りたければ、5% OFF で販売している会社よりも少し安いディスカウントを提示すれば売れることになります。そのため、実際にはどの会社でも一定以上の割引ができる状況で定価を設定していて、そこから先の割引率の調整はどれだけの量を販売するかによって決まってきます。

見積もりを分解する

　最後は、見積もりの分解です。じつは、これが営業さんが最も困る（嫌がる？）行為ですが、そこに踏み込まないと本当の意味での価格交渉にならないので、あえて記載します。

　ベンダー企業も慈善事業をおこなっているわけではないので、極力利益を上げなければなりません。そのための常套手段が、見積もりのブラックボックス化です。よく深夜の通信販売などでもセット販売されたりしています。車だと「今なら最新ナビがついてきます」といった宣伝を見たことがないでしょうか。セットにすることで安くなっているような気がしても、じつはそうではないことがあります。

　ITでも同じです。特に1社丸投げをしてしまうと、SIer・ベンダー企業はやりやすくなります。たとえば、比較しやすいIAサーバーの値引き率は高いのですが、わかりにくいほかの製品や工数に転嫁されているのはよくあることです。深く考えずに、比較しやすい部分だけ比較して信用してしまうと、高い買い物になることがあります。

　予算に余裕があって高くても買えるのであれば、信頼関係は相互に生まれるので（ユーザー企業は「これでいける」と安心し、ベンダーは買ってくれて安心する）、プロジェクトとしてはうまくいくかもしれません。ただ、それではプロフェッショナルな仕事とはいえないと思います。繰り返しになりますが、モノのコストはできる限り安く購入すべきで、それがプロジェクト成功の秘訣です。

　なお、分解には総合力が必要です。本章でこれまで記載した以下の内容を実践することで可能になります。

①レイヤーごとに分割

　まずはレイヤーごとに分割して比較していきます。レイヤーごとの比較には、製品が競合しているかを確認します。すでに記載したように、ハイ

エンドとミドルレンジの製品を比較していないかも確認する必要があります。

②製品の中身を分割

　さらに製品ごとに分解できたら、その製品の中身を分割します。

　ハードウェアであれば、構成しているパーツの金額も確認します。CPU、メモリも種類によってかなり値段が変わるので、型番やスペックは確認する必要があります。

　ソフトウェアの場合は、製品の機能が同じものか、追加するオプションがあればその機能が必要最低限かも確認する必要があります。

　製品の中身の比較は、自分の足で稼いで調べていれば理解がかなり深まっているはずです。このようにして価格の妥当性を1つ1つ判断していくことで、いい判断ができることになります。

コラム：接待好きの営業さんには要注意

　価格交渉の話をしていると、接待を持ちかけてくる営業さんもいます。個人的には接待は受けないようにしていますが、もし受ける場合も常識的な範囲を逸脱してはいけません。接待とは、基本的に何らかの見返りを求めるものなので、受けてしまうと交渉をしにくくなるためです。本当はもっとディスカウントしてほしい場面でも、一度そういう関係になってしまうと、「まあ今回はいいか」という気持ちが生まれると思います。その気持ちは不幸のはじまりにもなります。当然自社にとってはマイナスですし、相手の営業さんにも結果的にマイナスになります。ディスカウントが甘いということは、ほかのライバル企業が入る隙を作っているので、ほかの会社がディスカウントをがんばった場合に話がひっくり返ることになるからです。価格交渉はあくまでもニュートラルな感覚を大事にすることが鉄則です。

第 3 章

開発費を
削減するための工夫

インフラのコストを下げる基本原則

　ここは、「ヒト」の部分の記載になります。「モノ」の部分で記載した考え方が適用できる部分もありますが、別の考え方が必要な部分もあるので、その点について解説していきます。

まずは「必要以上の開発をおこなわない」

　第1章でもお伝えしましたが、アプリケーションの開発であれ、インフラの構築であれ、コストを下げる基本原則は、「必要以上の開発をおこなわない」ということです。私もこれまでに「この予算では厳しい」と思うことが何度かありましたが、そういう時にはシステムを一歩引いて見つめることも大事です。システム化したいと思っているユーザー部門が常にニュートラルな判断を下せているとも限らないので、「ユーザー部門の思い込みによって過剰な要求になっていないか？」を考えるのも大事です。

　インフラを考えるうえで一番効果的なのは、システムが何らかの理由で停止するケースを想像することです。

　「システムが停止してしまったときに、どれだけの人が困るのか？」
　「システムが停止してしまったときに、どれだけの金額的損失があるのか？」

を考えるのです。システムが止まってしまっても、じつは面倒だけれどもマニュアルのオペレーションで回避できるのであれば、コストカットできる部分があるかもしれません。そのため、システム化したいという人の要

求に金額的妥当性があるかは常に冷静に判断できるようにしておく必要があります。インフラの開発費を削減するポイントは、次の3点です。

①開発する機能を減らす
②サーバーの数を減らす
③ドキュメントを減らす

開発する機能を減らす

　アプリケーション開発においては、すでに40年近い歴史のあるファンクションポイント法が今でも使われることがあります。ファンクションポイント法は、アプリケーションをスクラッチ開発する時に、機能ごとにユーザーと整理でき、確認しやすいという特徴があります。

　対して、インフラの機能はユーザーからするとあまり関心のないものになります。たとえば、自動復旧やリブート運用、バックアップ、災対環境への切り替えなどです。普通に使っている時には意識することもありませんし、機能として「ある、ない」でいえば「あったほうがいいかな」というものが多くなります。ユーザーは直接的に関心がない部分なので、関心を持ってもらうには金額で表現する必要が出てきます。たとえば、バックアップも

　「同じストレージ内に保存するか」
　「ほかの筐体に保存するか」
　「遠隔地まで送るのか」

で金額がかなり変わってきます。「どこまで実装すると、どのくらいの金額がかかるのか？」を明示することで、開発する機能の要否がわかるので、そういう見せ方と相談が必要になります。

サーバーの数を減らす

インフラの開発費がかかってくる1つのポイントとして、サーバー数があります。ここでいうサーバー数の単位は、OS数になります。基本的に、OS単位で監視、ジョブ制御、バックアップ、セキュリティなどの設計をおこなっていきますが、OS数が増えるとその作業が増加することになります。

ただ、1つのシステムを1つのOSで構築すると、問題が出ることがあります。一番大きい問題は性能と可用性です。1つに集約するということは、そのサーバーが落ちてしまえばすべて停止することになるので、可用性を確保できなくなります。また、1つに集約するということは、処理も集中するので、求められる性能でも厳しくなります。結局はシステムの構成とバランスとそのコストによって成り立つので、「そのような構成にすると、内容とコストはどうなるのか？」を明示する必要が出てきます。

ドキュメントを減らす

システムを構築する時の情報としてドキュメントを作成し、後々にメンテナンスできるようにしておく必要があります。作成するドキュメントに関しては、ユーザーに相談しても答えは出ません。システムを維持するために必要なものは、システムに携わるメンバーが作成する必要があります。

ただ、時としてそのドキュメントが過剰なケースがあります。ドキュメントがまったくないよりもあったほうがいいのですが、ドキュメントを過剰に作りすぎる文化もまた問題です。特に、ドキュメントをしっかり作成しているメンバーは、作成することをよしとしているので、過剰に作成する問題を認識できていないことがあります。ドキュメントの目的は後からメンテナンスできるようにすることなので、設定するパラメータの根拠がわかれば十分です。Word文章で大作を書き上げる必要はありません。

内製化を検討する

「内製」とは何か？

　よく「内製力」というキーワードが出ますが、定義はさまざまです。文字どおり「外注せずに、すべて自社で作ってしまえること」と定義している人もいれば、そこまでではない定義をしている人もいます。私は、内製力を次のように定義しています。

　「忙しくて今はできていないけれども、やろうと思えば依頼せずにできる力」

　つまり、SIerやベンダーにお願いしていても、状況が変われば自社の社員で対応できることです。

　第2章の最後で、見積もりの分解について記載しました。工数の見積もりを評価するうえでも、分解は大切です。ただ、仮に分解したところで、内製力がないと評価が難しくなります。分解は作業項目ごとにしていくことになると思いますが、その作業を自分でやった場合のイメージができなければ、高いのか安いのかがまったく評価できません。過去のプロジェクトと比較する方法もあるかもしれませんが、実態としてそこまで丁寧に見積もっているプロジェクトは多くないでしょうし、ベースとなる過去のプロジェクトの指標が正しいという保証もありません。そういう客観的な比較が無意味とはいいませんが、内製力のある"主観的な評価"のほうが大事になります。

内製以外の部分やマルチベンダーの狭間のコスト

　システム構築をおこなうSIerでも、得意なエリアと苦手なエリアがあるものです。よく構築する製品であればエンジニアにナレッジも溜まり、知識も整理されていれば効率的に仕事ができますが、あまり扱ったことがないエリアだと手探りでおこなわなければならないことが増えてきます。すべての都合を無視して考えると、得意なエリアごとにSIerを分けてしまうマルチベンダー構成が最も効率がよさそうですが、マルチベンダーにするとベンダー間の役割分担が問題になります。

◎レイヤーごとにダブルスタンダードにしてマルチベンダーにする場合

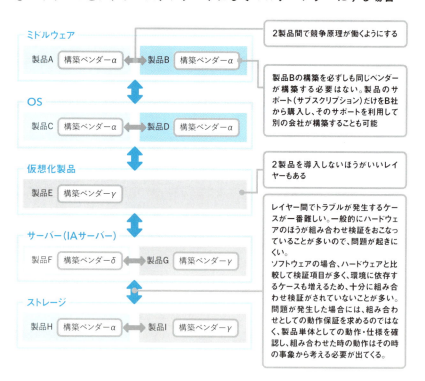

マルチベンダー構成での失敗は、どちらのエリアの問題かわからないトラブルが発生し、容易に解決できない時によく発生します。最悪なのは、お互いのエリアの問題のせいにして、調査が進まない状況になることです。マルチベンダー構成にする場合は、そのリスクがあることを認識すべきです。

個人的には、得意でないエリアを含めて無理に1社にお願いしないで済むためマルチベンダー構成は好きなのですが、「狭間の問題はどちらかの会社のせいにはしない」ことを心がけています。もちろん、それぞれのエリアでは責任をもって仕事をしてもらいますが、よくわからない時に押し付けてはいけません。本当にわからない時には、双方の主張を聞き、いっしょに考えてください。そして、いっしょに考えて出した答えは、自分が責任を持って進めます。仮にいっしょに考えて出した案がうまくいかなかった時にどちらかの会社・担当のせいにしてしまっては納得感がなくなりますし、プロジェクトがチームとして機能しなくなります。マルチベンダーは非常に合理的ですが、このような問題があるので、最後は自分で責任を取る覚悟が必要です。

ちなみに、その責任を取れるかどうかは、前項で記載した「内製力があるかどうか？」が問題になります。繰り返しになりますが、「やろうと思えば依頼せずにできる力がある状況」にあれば、自分で責任を取れることになります。

結局、内製は安いのか？

前述したように、内製力の定義は人によって異なります。そのため、「内製したら安くなるか？」という問いに結論を導き出すのは難しいと思います。また、100％内製したところで、内製する人のスキルの差によってもコストはかなり変わります。まったく同じものを構築したとしても、ハイスキルを持つ人と、そこそこのスキルを持つ人では、私の経験的に3倍

第3章　開発費を削減するための工夫　　79

以上の開きが出ます。日本企業において、同じような職場で働く社員の給料が3倍も開くことはないでしょう。そのため、ハイスキルを持つ人が構築すればものすごくコストパフォーマンスがよくなりますし、そこそこのスキルの人だと安くならないかもしれません。

　また、現実的にすべてのレイヤーを100%内製するのは難しいと思います。ハードウェアの導入からネットワーク設計、OS、ミドルウェアの構築や運用系システムの導入、システム間連携など、インフラの仕事は多岐に渡ります。さらに、そのすべてのレイヤーを内製化するには、それぞれのレイヤーのスペシャリストが必要です。さすがにすべて1人でできる人はいないと思いますし、仮にすべての能力を持つ人がいても、作業する時間が足らないと思います。そうなってくると、どうしてもレイヤーごとの分割が必要になってくるので、弱い部分は内製をある程度であきらめてパートナー会社にお願いするところが出てくると思います。

　とはいえ、実際には内製力があると、インフラの構築コストは安くなると思います。過去に丸投げしているチームやプロジェクトを見て、工数が非常に高かった記憶もあります。数字として出すのは困難ですが、不要なドキュメントが多かったり、すべての作業にバッファが積まれていたり、いろいろな方法で工数が増やされていることがあります。

　また、全員が内製できなかったとしてもかまわないと私は思っています。仮にあるチームに内製できる人が1人しかいなかったとしても、その人の工数を基準にすることができるためです。それを基準に学ぶことを怠らなければ、そのチームはきっとよい方向に向かっていくと思います。繰り返しになりますが、「やろうと思えば依頼せずにできる力がある状況」に組織を持っていくことが、低コストへの第一歩だと思います。

保守の体制に注意

　内製を考える時に気をつけなければならないのは、保守の体制です。内

製する場合、はじめはスキルのあるエンジニアが集まります。そもそも構築しきれるメンバーが集まっていないと、システム化が実現できません。そこまではメンバーさえ集まれば問題はないのですが、苦労するのはリリース後になります。構築期間は予算の確保も容易なのでメンバーの維持も比較的しやすくなりますが、リリース後も継続して同規模の予算を確保することは不可能です。

　一般的には、構築プロジェクトが完了するとメンバーのほとんどは解散され、一部のメンバーが残って日々の運用・保守をおこないます。その時に、メンバーが減るだけでなく、コストの観点からスキルのあるメンバーもリリースすることが多くなると思います。そうすると、通常運用されている場合は問題ないのですが、定形外のオペレーションをおこなう時や障害対応時には困ることになります。スキルが不足すると、イレギュラーなケースに対応できなくなります。

　そのため、内製化しようとした場合には、「継続的に組織を維持できるか？」が重要な判断になります。比較的 DevOps（詳細は第 7 章で解説）の考え方に近い部分がありますが、人材を確保するには構築と運用保守を並行してこなす必要が出てきます。構築中のプロジェクトと保守フェーズに入っているシステムをいくつかかけもちしながら、組織の体制を維持していきます。

◎**案件がクロスオーバーしても対応できる体制を作る**

> エースがいずれかのシステムを担当しているので、チームとして、A、B、Cのシステムを担当していれば、いざとなればお互いに助け合うことができる

	Aシステム	Bシステム	Cシステム	人数	
N年	構築期間 ★★★			エース	1
				準エース	2
				一般エンジニア	4
N+1年	運用期間 ★	構築期間 ★★		エース	1
				準エース	2
				一般エンジニア	6
N+2年	★	★	構築期間 ★	エース	1
				準エース	3
				一般エンジニア	8
N+3年		★	★	エース	0
				準エース	2
				一般エンジニア	7
N+4年			★	エース	0
				準エース	1
				一般エンジニア	6

★ エース
★ 準エース
★ 一般エンジニア

> すべて運用期間に入ってしまうと、エースの要員はリリースする可能性が出てくる。そうならないようにDシステムを獲得しにいくか、準エースを育成してエース級の仕事ができるようにする。一般エンジニアも準エースになれるようなステップアップが必要

一番重要なのはリーダーの営業力

　システムを複数かけもちしていくにあたって一番重要なのは、リーダーの営業力です。システム部門は会社単位で見ればコストセンターになりますが、その中でも案件を依頼してくる部署にどれだけプロモーションをかけられるかがポイントです。「コストセンターなので、案件が来るのを待っていればいい」と思っているリーダーのところにはいずれ仕事が来なくなりますし、仕事が来なくなれば徐々に予算は減らされ、組織力は低下して

いきます。そうならないように、リーダーは常に魅力的な提案をしたり、難易度の高い相談にも率先して関わっていく必要があります。そういう努力は、社内向けではありますが営業活動であり、その積み重ねがあってはじめて自分の組織を維持するための案件を獲得できます。そして、安定して案件を確保できるようになってはじめて内製化するだけの人員を集められるようになり、安定した保守の提供も可能になります。

どういうプロジェクトを内製すべきか

　内製化するにあたり、「どういうプロジェクトが向いているか？」という議論があります。「使っている製品もよく利用されるもので、構成もシンプルなかんたんなプロジェクトで内製すべき」という意見もあれば、「複雑な構成でミッションクリティカルなシステムのような難易度の高いプロジェクトこそ内製化すべき」という意見もあります。個人的には、どちらでもいいと考えています。

　かんたんなプロジェクトを内製化するのは、内製に自信がない時に選択すればいいと思います。まだ組織力もなく、育成目的でプロジェクトを利用したい時には、リスクを取りすぎてもよくないので、選択としてはありえると思います。ただ、そのようなパターンでの内製化で本当の力をつけられるかというと、若干の疑問があります。実際に手を動かしてコマンドを打ってみる経験はできますが、その前段の設計の部分が浅くなる可能性があります。たとえばインストール作業1つをとっても、デフォルト値をそのまま設定して動かせてしまうことがほとんどだと思いますが、それではシステム構築を理解したことになりませんし、設計できたことにもなりません。デフォルト値の意味を理解し、変更した部分があればそこの意味を理解する必要があります。内製力はその理解の深さが重要なので、浅く経験するだけでは目的を達成できませんし、トラブルをはじめとするイレギュラーな事象に対応できません。

第 3 章　開発費を削減するための工夫　　83

逆に、難易度が高いシステムの内製化は、失敗した時のリスクが大きくなります。設計力があるならば特に問題はありませんが、自らがいろいろなパターンを考慮しきれない時のリスクはあります。とはいえ、内製化はそもそもそういうリスクをとるものなので、思いきってリスクをとってしまい、あとは悔いが残らないようにがんばるしかないと思います。過去に自社でも最も重要なシステムを内製化したことがありますが、経験という意味では非常にプラスになりますし、組織力の強化にもつながったと思います。何よりも、ミスが許されない状況での内製化はプレッシャーがあるので、確認のレベルが普通のプロジェクトよりも高いと思います。内製化するにはそういう経験が重要であることを考えると、難易度が高いシステムの内製化には意味があると思います。

　ただ、1点だけ注意することがあるとすると、アサインするメンバーをよく考えることです。難易度が高いシステムの内製化にトライする場合、しっかりと指導できるメンバーが必要ですし、育成メンバーも将来のエース候補にすべきです。当然ながらいろいろなハードルを乗り越えていく必要があるので、そこを突破できる要員を配置するのが重要です。

契約で考えるべき
4つのポイント

　今の組織に時間も体力もない、くわしい人や頼れる人もいない、さらに自分も異動したばかりでどうにもならない、ということもあると思います。そんな時は、割り切って契約で解決してしまう方法もあります。

　はじめに、ヒトの部分の契約に関して気をつけるべきキーワードを列記します。それぞれの考慮点、ポイントについて解説していきます。

①請負契約
②準委任契約
③故意・重過失
④善管注意義務

請負契約

　まずは請負契約からです。請負契約にすると一番変わるのが、「請け負った側は、仕事が完了しないと、その報酬、つまり代金を受け取れない」という部分です。プロジェクトがうまく進んでいれば問題にならないですが、トラブルが発生すると大変です。そのため、事前の合意が大切です。

　とはいえ、事前にすべて合意しきるのは難しいこともありますし、インフラなら、プロジェクトの中で発生する原因不明の製品不具合（ハードウェアの不良やソフトウェアのバグ）があります。つまり、請け負った側はそういうリスクを背負うことになります。当然、リスクがあれば価格に転嫁されます。そのため、請負契約は内製力がない時に選択するもので、「自分たちでは対応しきれないかもしれないリスクを受注側に負ってもらい、

第3章　開発費を削減するための工夫　　85

お金で解決するもの」と理解していくいと思います。

　請負契約の選択において、インフラとアプリには背景的な違いがあります。インフラはアプリケーション開発と異なり、フルスクラッチ開発はほとんどありません。基本的に、製品を買ってきて組み合わせます。つまり、ゼロから作るわけではないので、多少経験があれば請負契約にしなくても自分でプロジェクトをコントロールしやすい特徴があります。対してアプリケーションは、仕様をゼロから検討して設計していくため、構築の難易度が高く、コーディングと単体テストのフェーズでは工数がかなり大きくなります。そのため、案件全体のコントロールも難しくなることから、請負契約のほうが都合がいい場合があります。また、設計からリリースまですべて請負契約にする必要もなく、単体テストまでの契約とし、結合テスト以降は準委任契約にする方法もあります。このように、インフラとアプリでは契約の選択しやすさに違いがあり、それらを理解して効率的な選択をすべきです。

　なお、請負契約に頼ってしまうのは、「企業がITを使いこなす」という観点でマイナスに働くので、あまりおすすめできません。ITを使いこなしている企業と、使いこなせない企業では、やはりビジネスの推進力に差が出てしまうためです。もちろん、すべてを自分でやりきることは不可能なので、選択と集中が必要です。「より重要な部分に集中するために、そうでもない部分を契約で解決する」という手もあります。

準委任契約

　準委任契約は、業務を遂行するための契約であり、請負契約の逆になります。つまり、受注側は完了義務を負わないためリスクが軽減し、リスクは発注側が負うことになります。ちなみに、海外のベンダーやコンサルタントと同じような契約を締結しようとするとタイムアンドマテリアルズ契約になることがありますが、位置づけはほぼ同等です。契約の内容によっ

て微妙な違いがあるので契約書ごとに確認したほうがいいですが、完了義務の考え方は同じです。

　システム構築において比較的一般的なのが準委任契約になりますが、この契約を選択した場合の難しさは完了リスクが発注者側にあること、つまり自分で責任を持つことにあります。プロジェクトが炎上してしまう理由はいろいろありますが、そうならないようにコントロールしなければなりません。本書はプロジェクトマネジメントにはフォーカスしていないので深く記載しませんが、準委任契約で気をつけるポイントを以下に記載します。

・清算は人月単位でおこなわれる
・契約前に目的を共有する
・開発フェーズや時期で区切った契約にする

清算は人月単位でおこなわれる

　準委任契約は人月×単価の契約になることがほとんどだと思います。人月を用いる考え方に関して批判する記事を見ることもありますが、私は受け入れてしまったほうが早いと考えています。結局、サービスを提供する側と提供される側が契約を結ぼうとすると、「成果物で評価する」か「マンパワーによる生産性で評価する」ことになると思うためです。前者が請負契約で、後者が準委任契約です。

　人月の一番の問題は能力のある人が正当に評価されないことだと思いますが、そもそもその人に能力があるという評価は主観的であり、客観的に評価するのは不可能です。情報処理技術者試験の高度に5つくらい合格しているから優秀かといえば必ずしもそうではありません。また、あるプロジェクトでは評価が高くても別のプロジェクトでは低いということもありますし、評価する人によっても変わるでしょう。私は経験的に、スキルのある人とそうでもない人の生産性の差は3倍以上あると感じていますが、それもそのスキルが効果的に発揮できる場合においてです。極端な話です

第3章　開発費を削減するための工夫　　87

が、インフラエンジニアとしてハイスキルでも、いきなりアプリケーション開発をしたら生産性は下がります。つまり、客観的に判断が難しい以上、一定の指標で評価する必要があり、指標が明確になる時間と単価で見える化することは合理的だとも思います。時間はすべての人に平等に与えられており、かつ時間の進みは一定です。単価も、「金額」という信頼度の高い指標で評価されていて、かなり客観性の高いものになります。そう考えると、わかりやすさの観点からも準委任契約は一定の合理性があり、商慣習としてもなじんでいるため、受け入れてしまったほうが早いと思います。

　なお、どうしても準委任契約に納得できないのであれば、自分で契約条項を考えて、ビジネスモデルを作ってみたほうがいいと思います。契約は発注側と受注側の相互が納得すればいいわけなので、もっと合理的な方法を考える手段もあると思います。

契約前に目的を共有する

　これまで、準委任契約では請負契約のように成果物の定義を明確にすることができませんが、2017 年に民法が改正され※、成果物を定義することも可能になりました。定義しなくてもいいのですが、どのような契約にするにせよ、その契約の目的を共有し、お互いの認識のずれをなくすことは一番重要です。受注側からすれば、なぜ、どういうものを構築していくかのイメージが理解できていれば対応しやすくなりますし、どういう要員をアサインすればうまくいくかがわかり、認識の齟齬が発生しにくくなります。お互いにとって非常に有用です。

　個人的におすすめしたいのは、プロジェクトの山場を共有することです。プロジェクトには、短期の納期、マンパワーの不足、技術的難易度など、さまざまな難題がありますが、予想される難題を契約前に話しておくのがいいと思います。順調にいけば問題は発生しないかもしれませんが、「もし発生したらどうするか？」を話しておくのです。

　前述しましたが、多くのシステムは毎回カスタムメイドします。つまり、システムの完成までの道のりに決まったものはありません。そのため、問

題は必ず発生するものであり、その対処が重要で、それらを契約前に相談できていると問題のリスクを下げることが可能になります。

> ※ 2017 年 5 月 26 日に国会で可決された民法改正は、以下の内容となっています。
> 「第六百四十八条の二　委託事務の履行により得られる成果に対して報酬を支払うことを約した場合において、その成果が引き渡しを要するときは、報酬は、その成果の引き渡しと同時に、支払われなければならない。」
> つまり、契約する時に成果物を定義し、それに対しての報酬とするのであれば、成果物を納品する義務があるということになります。成果物を定義するかどうかは双方の契約者によって決めることができます。
> なお、準委任契約だけでなく、請負契約でも変更はあります。考え方に大きな変更はありませんが、瑕疵担保責任が「契約不適合責任」に変わります。

開発フェーズや時期で区切った契約にする

　巨大プロジェクトの場合、期間も長くなりますし、工数も膨大になります。繰り返しになりますが、システム構築はカスタムメイドなので、いたるところに予見できないリスクが存在します。計画どおりにいかない可能性が高いので、その状態で準委任契約をシステムリリースまで 1 本の契約にしてしまうのはリスクが高くなります。途中から計画を変更することも、サスペンドさせることもできなくなるからです。

　それを防止するためには、開発フェーズや時期で区切った契約にするのが有効です。特に、システム要件が途中から変わるプロジェクトでは必須だと思います。また、開発フェーズや時期で区切った契約にすることによって、先に述べたように準委任契約と請負契約を組み合わせることも可能になります。インフラよりもアプリケーション開発で多く用いると思います

第 3 章　開発費を削減するための工夫　　89

が、「内部設計まで落ちた段階で、構築と単体テスト（ケースによっては結合テスト完了まで）を請負契約に切り替える」というパターンです。インフラの場合は、前述したようにプロジェクトのピークがアプリケーション開発と異なるため、そのまま準委任契約の継続でもいい場合がほとんどだと思います。

故意・重過失

　契約の用語で判断が難しいのが、故意・重過失の記載です。日本の契約においては比較的とおりやすいのですが、海外の企業と契約する場合は非常に大きな問題になります。故意の意味は「わざと」なので比較的理解しやすいのですが、問題は重過失のほうです。

　過失はわかると思いますが、「重」がつくと、とたんに曖昧になります。「どこまでが過失で、どこからが重過失なのか」を規定するものはありません。すごくかんたんな表現をするならば、「ちょっと注意すれば防げたのに、注意しなかったので問題になった」場合が重過失です。その「ちょっと」の部分は人の解釈によるので、判断が非常に難しく、曖昧になります。日本の商習慣になるので、特に曖昧性を嫌う海外の企業との契約では問題になります。

　以前、私は重過失の文言で非常に苦労しました。そもそも英語には重過失に相当する言葉がないそうで、相手の法務担当者に日本の商習慣を説明するところからスタートしました。そういう習慣であるというところまでは理解してくれますが、それを契約書に盛り込むかというところは契約リスクになるので、交渉が大変です。最終的に双方合意した契約文言にしなければならないのですが、その時の契約に基づく重過失として発生するものを確認しながら調整するしかないと思います。そのため、契約書を読むときには故意・重過失の記載があるあたりがどのような記載になっているか、特に注意したほうがいいでしょう。

善管注意義務

　もう1つ、ヒトの契約を考えるときにポイントになるのが、善管注意義務です。善管注意義務の記載でもめることは故意・重過失ほどありませんが、そもそもこういう概念があるということは理解しておいてください。

　善管注意義務とは「善良な管理者の注意義務」の略なのですが、「何をすれば善で、何をすれば良なのか？」は曖昧です。普通に、かつまじめに管理者としての責務を果たしていれば問題にはなりませんが、もめるのは何らかのトラブルが発生している時です。その時は、管理者としての問題よりも、仕様認識の不一致だったり、ちょっとした設計・作業ミスに起因することが多いと思います。そうなると、善管注意義務よりは過失のほうにフォーカスされるので、契約リスクは先ほど記載した故意・重過失のほうが高くなると思います。とはいえ、契約書にはこのように曖昧な部分があるということを理解しておくのは重要です。

コラム：システムの要件が変わることへの疑問

　私は、新人の頃はアプリケーション開発をしていました。外部設計、内部設計をおこない、コーディングをしていると、先輩から「仕様変更があったのでやり直して」と言われたことがしばしばありました。当時の仕様変更の理由は今となってはわかりませんが、私は「先輩がしっかり要件定義できないからだ」と思って、不満に感じていました。だれでもそうだと思いますが、がんばって作ったものをなかったものにされるとモチベーションが下がります。

　それと同時に、「なんで要件が変わることがあるのだろうか？」と疑問に思っていました。当時はよくわかっていなかったので、「要件定義の段階のコミュニケーションに問題があるのだろう」

と考えていましたが、いろいろなプロジェクトを経験し、「どうしても要件が決まらないために、後から変更せざるをえないものもある」ということを知りました。プロジェクトの性質によっては、プロジェクトの開始時点で決められず、プロジェクトが進んでいくうちに要件が決まってくるものもあるのです。

そういう話をするとすぐにアジャイルに結び付ける人もいますが、私はそこまで単純なものではないと感じています。たしかにアジャイルで解決できるものもありますが、アジャイルにしたところで解決できないプロジェクトもあります。そのため、最近では要件が変わることに対して疑問に思うことはせず、「変わるリスク」と「変わった時の影響度がどの程度か」を判断するようにしています。ウォーターフォール、スパイラル、アジャイルのどの手法を用いても、変更の影響を冷静に判断できることが一番で、それができていれば慣れている開発手法を用いるほうがリスクが少ないと感じています。

契約内容は自らがチェックすべき

これまでいろいろなプロジェクトを見てきましたが、総じてシステム担当の人は契約をあまり気にしません。気にしている人でも、リーガルチェックを受けたかどうかまでで、自分で契約書を読んでいないことがほとんどだと思います。仮に契約に頼るのであれば、その契約内容は自らがチェックして、問題ないかを確認すべきです。

また、モノのところのソフトウェアの記載で「ライセンスモデルの設計が悪い製品がある」と書きましたが、そういう製品の契約書はたいていわかりにくいものになっています。ライセンスモデルの設計が悪いと契約でねじ曲げざるをえないからだと思います。そういうわかりにくさや問題点

は契約書をよく見ておかないと気づけない部分になりますし、そこの確認が甘いとプロジェクトが炎上した時に大変なことになってしまいます。

　ちなみに、ライセンスなどの物品の契約書がわかりにくい会社の場合、ヒトのほうの契約書もわかりにくいことが多いです。おそらく、法務部門の問題なのでしょう。いずれにしても、契約書はわかりやすく、シンプルに記載すべきです。シンプルに記載できていると、契約内容に漏れや穴が発生しにくくなります。

　逆に、よく読んでみると、中にはすばらしくよくできている契約書もあります。私が読んでよくできていると思ったのは、マイクロソフト社の契約書です。契約書を作成した人に聞いたわけではないので本当のところはわからないですが、非常にニュートラルで、誤解が生じないような構成、文章になっています。契約書も、いくつか読むことによって良し悪しがわかります。このあたりの考え方は、第1章で記載した製品の把握の話に通じる部分があると思います。

第4章

可用性、性能、
運用性を考慮する

システムの
コストと SLA

　システムの利用者は、「コンピューターがやってくれることだから高速なんだろう」とか、「システムはいつも動いていてあたりまえ」と思う人が多いと思います。実際に速度やいつも動いていることは利用者に意識させないようにしたいのですが、それを問題なく実現しようとすると、そのレベルごとにコストが大きく変わってきます。一方で「安くシステムを構築したい」という要望もあるので、あまり意識しないで済む部分を軽視してコストカットすることも考えられます。

　意識しない部分を「非機能」といいますが、そこに問題を抱えてしまうと、使えないシステムになります。

「使えないレベルで遅い」
「思った以上に故障して停止する」
「停止するだけでなく、データもロストしてしまう」

などです。システム構築にはかなりの投資をおこなう必要があるので、せっかく作ったものが使えなければ意味がありません。そうならないように、システムが稼働している時に意識しない部分について、事前に合意しておくことが極めて重要になります。

SLA とは何か

　システムが提供するサービスについての合意文書を、Service Level Agreement の頭文字を取って SLA といいます。SLA という用語は比較的

頻繁に使われますが、合意したいシーンによって内容も変わります。そのため、「SLAとはこういうものです」という明確なものはありません。たとえば、開発フェーズにおけるSLAと運用保守フェーズにおけるSLAでは、内容も変わってきます。さらに「システム全体のSLAなのか？」「アプリケーション的要素が強いのか、インフラ的要素が強いのか？」でも内容が変わってきます。クラウド業者が提示するSLAであれば、インフラ寄りで、IaaSの要素が強くなります。この章では一般的なSLAの内容について記載し、その中でもインフラ寄りの部分について重点的に解説します。

　そもそもITを活用し、システム化するには、「何かのビジネスを効率的におこないたい」という目的があります。そのビジネスを実現するためのサービスを提供するのがシステムであり、そのサービスに対しての合意事項をSLAと考えると自然だと思います。システムは、構築することが目的ではありません。使っている時にはじめて意味を持つので、どれだけ"普通に使える"かがポイントになります。「いつも普通に使えてあたりまえ」と思われることがしばしばありますが、実際にはさまざまな理由でトラブルが発生し、システムが停止し、サービスの提供に影響を及ぼします。最悪の場合はビジネスを止めてしまうことになり、内容によっては会社の存続に影響を与えることもあります。

　そのため、"普通に使えない"時がどういうケースなのかを考え、その対応事項を合意するのがSLAになります。SLAは合意内容を明確にするため、可能な限り数値で表現するほうがいいです。数値を定めるのが難しい場合でも、明確な内容にすべきです。

SLA の代表的なもの

カテゴリごとに代表的なSLAを以下にまとめてみます。

可用性
- 目標復旧時間
- 縮退、流量制限
- 処理遅延時限
- 災対切替時限
- 障害復旧断面
- MTTR（平均復旧時間）
- MTBF（平均故障間隔）

性能
- オンライン（画面）レスポンスタイム
- 許容される利用ユーザー数
- ピーク時同時アクセス
- バッチピーク処理時間
- バッチ処理時間
- ネットワーク帯域保障
- データベース、ストレージアクセス保証

運用性
- サービス提供時間
- サービス稼働率
- メンテナンス枠
- 閾値監視間隔
- ログ情報確認間隔
- 予測データ増加量
- データ増加余裕率
- バックアップ方式
- バックアップタイミング
- バックアップ世代

・リストア時間

サポートデスク
・受付時間
・初回応答時間
・問題解決の平均時間、回数

セキュリティ
・不正アクセス検知後の初動対応時間
・セキュリティ監査対応内容
・パターンファイル更新頻度
・ウイルススキャン頻度

　このように、SLA にはいわゆるシステムの非機能要件に加え、運用内容、サービス提供のための補助であるサポートデスクなどの内容も盛り込みます。これらの中でインフラコストに大きく影響を与えるものは、可用性、性能、運用の項目になります。以降では、それらの項目がどのようにコストに影響するかを記載していきます。

可用性について
考察する

「コンポーネント単位に故障する」と考えて、
パーツを組み込むか決めていく

　まず、可用性からです。可用性はシステムを構成するハードウェアが故障した時を中心に考えます。おもな構成要素としては、サーバー、ストレージ、ネットワークになります。これらの構成要素は、それぞれ複数のコンポーネントから構成されます。サーバーであればおもに以下のコンポーネントが存在します。

・CPU
・メモリ
・ディスク
・マザーボード
・ファン
・ネットワークなどのカード
・バッテリーや電源モジュール

　これらのコンポーネント単位に故障すると考えて、故障した時の対処方法を決めていきます。

　着目するのは、シングルポイント、すなわち単一障害点（SPoF：Single Point of Failure）がどれだけあるかです。それぞれのコンポーネントが故障した時に、故障しても稼働し続けられるものか、故障した場合には全体が停止してしまうものかを確認していきます。シングルポイント

の分析は、システムの弱点の分析にもなるので重要です。

　サーバーの場合は、複数のサーバーでシステムを構成して、サーバー丸ごとでシングルポイントを補うこともあります。サーバーの構成要素によってはそのほうがシンプルでコスト合理性があることもあります。

◎サーバー丸ごとでシングルポイントを補う

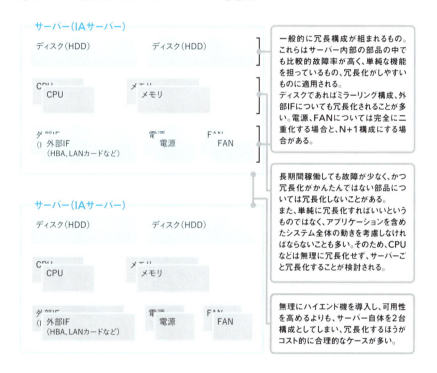

　いずれにしろ、故障に強いシステムを構築するには、故障しても動き続けられるパーツを組み込んでおく必要が出てきます。「組み込んでおく」ということは、それがコストに大きく影響するということです。それは、サーバー以外のストレージ、ネットワークも同様です。

　システムは物理的なハードウェアで構成されるので、必ずいつかは故障します。故障する前提で考えた場合、可用性を上げるには、故障してから

の復旧時間を短くする方法を模索する必要があります。復旧時間を短くする場合のコストの分岐点を、私の主観ですが記載します。

・難易度＝最大：ダウンタイムゼロ
・難易度＝高　：ダウンタイム 5 分以内
・難易度＝中　：ダウンタイム 30 分以内
・難易度＝低　：ダウンタイム 12 時間以内

難易度＝最大：ダウンタイムゼロ

　難易度最大のダウンタイムゼロは、最もコストがかかります。厳密にいうと、ダウンタイムを本当の意味でゼロにすることはできません。システムを丸々もう 1 つ構築し、ユーザーオペレーションから 2 回ずつ実行するようなデュアルシステムにすれば可能かもしれませんが、あまりにコストがかかりすぎるでしょうし、そこまでのものは見たことがありません。そのうえで、ダウンタイムゼロを求めると、前提としてすべてのコンポーネントにおいてシングルポイントをなくすことになります。実際には、あるコンポーネントが故障したタイミングで実行されていた処理は止まってしまうので、すぐに再実行させるか、再度処理を受け付けられるようにする必要があります。

　抽象的でわかりにくいと思うので、CPU の故障を例に記載します。一般的な IA サーバーを使っていた場合、CPU が故障するとそのサーバーは停止します。そのため、サーバーを 2 台以上で冗長化するのですが、故障したサーバーで処理しかかっていたアプリケーションは途中で中断されてしまいます。そのため、このタイミングでダウンタイムが発生します。

◎ 2台のサーバーのうち1台が停止した場合

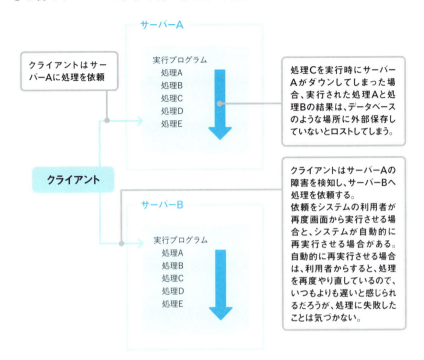

　ただ、仕組みとしてその処理を自動でリトライする処理を入れることで、別のサーバーで処理を再実行できるようにして、見かけ上ダウンタイムがゼロになるようにすることはできます。また、動作が正常でない場合に再度ユーザーがオペレーションをしてくれるのであれば、リトライではなく、処理を受け付けられる状態にします。このように、ダウンタイムゼロを目指すとすべてのコンポーネントを冗長化する必要があり、コストがかかります。

コラム：強固なシステムにするにはべき等性が重要

上記のようにどんなに可用性を高めたシステムを構築したとして
も、サーバーのダウンは発生します。内容としてはインフラより
もアプリケーションの実装になってしまいますが、リトライして
処理を継続するにはべき等性を考慮するのが重要です。べき等性
とは、かんたんに表現すると「何回実行しても同じ結果になる」
ことです。

べき等を維持するには、アプリケーションの実装時に CRUD（ク
ラッド）を意識する必要があります。CRUD は、Create、Read、
Update、Delete の頭文字を取っています。このうち、Read の場
合はデータが変化せず、何回実行しても同じデータが読まれるの
で、べき等を確保できます。考える必要があるのは、C、U、D
についてです。本書では個別のデータ更新に対しては記載しませ
んが、アプリケーションの実装ではそういう考慮が必要だと覚え
ておくといいと思います。一般的には、RDBMS で実装されてい
るトランザクションで制御してしまうのが楽です。トランザク
ションの最後で commit をしなければすべての処理は RDBMS が
ロールバックしてくれるので、リトライしやすくなります。いず
れにしろ、サーバーが停止しても処理を引き継ぎ、何事もなかっ
たようにリトライする仕組みが必要になります。

「システムの継続」という観点ではアプリケーションのべき等性
が重要ですが、インフラでも考慮しておいたほうがいいケースが
あります。たとえば、サーバーの起動スクリプトです。サーバー
が停止していても起動していても、同じスクリプトを実行すれば
起動している状態にできる作りにしておくことで、トラブルの対
応が効率的になります。もし、起動状態、停止状態で発行するス
クリプトを分けてしまうと、状態確認のオペレーションが必要に

なり、ただでさえ慌てているトラブル時にミスが入る可能性があります。

なお、スクリプトの実装で難しいのが、次のように起動状態でも停止状態でもないケースの対処です。

・処理がハングしてしまっている
・原因不明のスローダウンが発生している

このようなケースまで想定すると、実装は一気に難しくなります。とはいえ、考えられる不測の事態を想定してスクリプトを作っておけば、いざという時には救われますし、強固なシステムに近づけることができます。

難易度＝高：ダウンタイム 5 分以内

　続いて難易度が高い、ダウンタイム 5 分以内です。これは、構成としてはダウンタイムゼロとほぼ同じになります。ゼロと異なる部分があるとすると、ハードウェアの差です。

　非常に高価なメインフレーム級のサーバーはほとんど壊れません。5 年間運用しても壊れないことがほとんどで、もし壊れたら「運が悪い」というレベルです。そのため、そのようなクラスの製品をダウンタイムゼロのレベルでは採用する必要がありますが、5 分以内になると多少汎用的な製品にランクを落とせるレベルになります。ただ、「落とせる」といっても、第 2 章で記載したハイエンド、ミドルレンジ、ローエンドの分類だとハイエンドの製品で組む必要はあります。また、5 分以内という制約はシステムにはかなり厳しい条件になります。

　システムには切り替えのためのさまざまな仕組みがありますが、片方が

動いていないと判断する監視役のような存在がいます。監視役は定期的に動作を確認しているのですが、反応がなかった時の扱いが難しくなります。たとえば、30秒反応がなかった場合はそのサーバーは故障していると判断して落とすこともできるかもしれませんが、バッチ処理のような大量処理を実行中で負荷が高いために応答できない可能性もあります。

　負荷が高い状況で無理やり落としてしまうと、健全に動けていたサーバーをわざわざ止めてしまうことになります。さらに、システムはさまざまなレイヤーで製品を組み合わせているので、先に記載した30秒のようなタイムアウト値が多段で組まれています。そのため、その積み重ねを考えると、5分はけっこう厳しい条件になります。5分を守ろうとするとタイムアウト値のチューニングが必要になることもあり、システムの設計難易度は高くなります。つまり、コストは高くなります。

◎監視役がサーバーの応答を受信できずに判断が難しくなる2つのケース

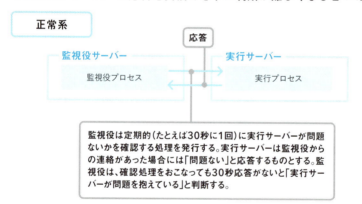

ケース1 応答がない原因がサーバーダウンによるもの

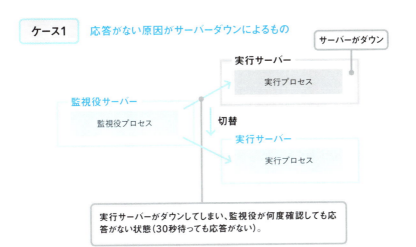

ケース2 実行サーバーが過負荷で応答に時間がかかるケース

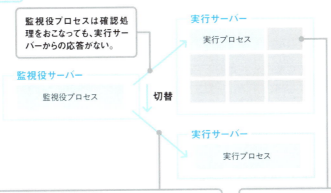

第4章　可用性、性能、運用性を考慮する　　107

難易度＝中：ダウンタイム 30 分以内

　次に難易度中、ダウンタイム 30 分以内のケースです。ここまで可用性が落ちると、汎用的な製品を使いやすくなり、ミドルレンジのものを採用しやすくなります。もちろん 30 分ではハードウェア交換はできないので構成としては冗長化しておく必要がありますが、すぐに起動できる準備（ホットスタンバイといいます）をしておく必要もなくなります。最近では VMware などで仮想化することが一般的になりましたが、ハードウェア障害で別のサーバーに HA 切り替え（High Availability ＝高可用性のクラスター構成にした切り替え）することも可能です。仮想環境の切り替えであれば OS 起動まで 10 分かからないので、そこからミドルウェアやアプリケーションのウォームアップを考えても 30 分あれば復旧が可能になります。そのため、30 分というのは、コストの面から考えると 1 つのラインになると考えてもいいでしょう。

　なお、ユーザーからすると、システムが 30 分停止すれば業務の連続性は期待できません。しばらく待つ時間が必要になります。そのため、SLAの交渉をする時には、ユーザーの利用シーンをイメージしつつ、その差のコストを明確にして相談することが重要になります。

難易度＝低：ダウンタイム 12 時間

　最後は、12 時間以内に復旧するケースです。12 時間というのは、冗長構成を組んでいないケースになります。たとえばハードウェアの部品が故障した場合、交換部品を持ち込んで交換することになります。故障を検知して、実際にデータセンターに持ち込み、それを交換するとなると、数時間はかかります。その後、サーバーを起動し、OS、ミドルウェア、アプリケーションと復旧させます。交換する部品がサーバーの CPU、メモリ、ファ

ンなどであれば作業は比較的単純ですが、ストレージがダウンするような故障になってしまうと復旧にはさらに数時間がかかります。ストレージのRAID構成が破損して復旧させる場合だったり、データベースが不完全な状態でシャットダウンしてしまう場合は、複雑なシステムリカバリも必要になります。ハードウェアの復旧は、コンポーネントごとにその後のリカバリが異なるので、特にデータベースなど復旧に時間がかかるものについて分析する必要があります。結果的に、その計算した復旧時間がSLAを満たせるとなると冗長構成を組まなくて済むので、投資を抑えることが可能になります。

コラム：「30分止められないシステム」ってどんなシステム？

すでに記載したように、「30分止められるかどうか？」はコスト的なボーダーラインになります。仕事の内容にもよると思いますが、多くのビジネスパーソンは1つの仕事だけを黙々とこなすケースは少ないと思います。いくつもの仕事を依頼され、優先順位をつけながら、同時にこなしているのではないでしょうか。そういうワークスタイルの場合、仮に30分以内の停止であれば、ほかの仕事をしているとあっという間に経ってしまうので、気にならないレベルだと思います。ユーザーに30分止まっても大丈夫かどうかを聞くと「困るな」と思われてNGになってしまうかもしれません。ただ、実際のワークスタイルをイメージすると、多くの場合問題がないと思います。

なお、たまに困るのですが、ユーザーと話していると「普段は30分くらい止まってもいいのだけど、特定の時間だけは止まってほしくない」ということがあります。つまり、1つのシステムで時間帯によって求められているSLAが異なるのです。まじめに検討するとSLAは高いほうに合わせなければならないのですが、そうなると急に高い可用性が求められ、システムコストが増

大してしまいます。そのような時には、高い可用性のパターンも見積もってコストを比較するのがいいと思います。1日の特定の10分間だけ高いSLAを求めるのであれば、「24時間のうちわずか10分のために高額な投資をする価値があるのか？」の判断になるからです。

そのようなケースでは、基本的に高額なプランは合理性の観点から採用したくないものになります。採用しないプランをまじめに見積もっては時間の無駄にもなります。そのため、経験が必要ですが、ダウンタイム5分以内と30分以内のシステムのコスト差を覚えておくといいと思います。そうすることで、ユーザーとの話し合いもスムーズになりますし、ユーザーにとっては非常にわかりやすい判断軸になるので信頼も生まれます。

性能について考察する

性能はアプリケーションの実装が重要

　性能も、可用性と同じくコストに大きなインパクトを与えます。「画面のレスポンスタイムが3秒以内」というような要件を見ることは多いですが、それを保証しようとすると難しい場合があります。

　まず、可用性と性能が大きく異なるのは、可用性は比較的インフラレイヤーで解決できる（解決すべき）ケースが多いのに対し、性能はアプリケーションの実装が重要になることです。つまり、効率の悪いアプリケーションを構築してしまうと、どんな高性能なインフラを準備しても要件は満たせなくなります。そのため、性能に関しては、可用性のダウンタイムのようにインフラだけで明確に設定することは困難です。先に記載したように、SLAとしてはオンラインレスポンスタイムなどで明確にして、インフラとアプリケーションでそれを達成する必要があります。

　2000年頃までは、ハードウェアリソースが非常に高価だったこと、性能的にも非力だったこともあり、アプリケーションを実装する時にハードウェアを意識していました。Javaの実装から経験した人は感覚がわからないかもしれませんが、C言語は変数のメモリ確保ひとつをとってもアドレス（ポインタ）を意識します。もちろん開発効率という点ではJavaのほうがいいですし、最近ではハードウェアリソースも潤沢なので気になりませんが、C言語でしっかり組まれたアプリケーションは高速ですし、プログラマがメモリ領域を解放するのでガベージコレクションのようなことも気にしません。ただ、気にしなくなってよくなったことから、徐々にアプリケーション実装者が性能を意識することが難しくなってきました。考

第4章　可用性、性能、運用性を考慮する　　111

える機会が減ってきたので、当然といえば当然です。特に最近では、使用する言語が増えたことも要因だと思います。C言語からJavaへ移行するような時代はそれほど選択肢がありませんでしたが、現在はJavaよりもMEAN（MongoDB、Express、AngularJS、Node.js）スタックをベースとしたJavaScript系の開発やRuby、Pythonをはじめとしたインタプリタ言語など、開発スタイルとシステム特性によってさまざまな選択が可能です。

　さらに、多くのシステムで性能に直結するデータベースについても同様です。アプリケーションエンジニアのスキルにもよりますが、旧来型のRDBMSのSQLでも頻繁に性能問題になっていたにもかかわらず、最近ではNoSQL系のデータベースなどさまざまな選択肢が増えてしまい、スキル不足に起因する性能トラブルが散見されるようになってきました。データのアクセス量やキャッシュなど、さまざまな要因を理解しないと性能の確保は困難なのですが、そこまで検討しきれていない状況です。

ディスクアクセスとキャッシュのバランスを考える

　現在はこのような背景があるので、プロジェクトをはじめると性能を安定して出すことは難しいケースが多くなります。しかし、難しいからこそSLAを明確にしておく必要があります。性能に関しては感覚的な部分が大きく、SLAを明確にしておかないと目標を見失うためです。

　たとえば、Googleの検索に3秒かかったとしたらどうでしょうか。膨大なデータ量から検索する仕組みを作る場合、3秒は決して遅い時間ではありませんが、実際に使う側からすると非常に遅く感じると思います。3秒を計測してみればわかりますが、「モッサリ」というレベルではなく、「確実に遅い！」のレベルです。では1秒ならいいのかというと、そうでもありません。我慢できる時間は、人の主観によって大きく変わります。そのため、明確にSLAとして処理する時間を決めておかなければなりません。

問題は、どのようにコストに影響するかです。性能に関しては可用性の
ダウンタイムのように明確にインフラだけでは決めきれないと記載しまし
たが、経験的にボトルネックになる部分はわかります。現在の IT 機器の
中で圧倒的に遅い部位はディスクです。データを格納する場合、一番速い
のがレジスタで、次いでメインメモリ（主記憶装置）です。一般的なアプ
リケーションの実装でレジスタを意識することはないと思いますので、ケ
アすべき部分はメインメモリからになります。

　一般的に、メモリに保存されたデータをキャッシュといったりしますが、
性能を考えるうえで重要になるのがディスクアクセスとキャッシュのバラ
ンスです。たとえば画面からの処理に高速に応答したい場合は、キャッ
シュの有効活用が必要になります。ただ、「キャッシュを活用する」といっ
ても、メモリ容量には限界があります。HDD では 1TB 以上のものもかな
り増えてきましたが、メモリで 1TB 以上を確保するのは難しくなります。
少なくとも汎用的なサーバーでは数百 GB までのものが多いですし、それ
以上を必要とするとサーバーのコストが指数関数的に増大します。いずれ
にしても、すべてのデータをキャッシュとして受けきるのは、物理的にも
コスト的にも限界があります。性能の SLA を確認するにはコスト面と物
理面から来るインフラの限界を知ることが重要で、実装しようとするアプ
リケーションがその限界を超えていないかを確認するのが極めて重要にな
ります。

　なお、SLA を決定するタイミングは、第 1 章の「RFP も出せなければ
PoC もできないタイミングで予算を取るための 5 つのポイント」で記載
した時期に近いと思います。そのため、すでに記載した利用人数、利用部
門、データ容量ではなく、扱うデータの種類などのヒアリングテクニック
を使って検討を進めるのがいいと思います。経験が必要になりますが、明
らかに要件がコスト的・物理的限界を超えると予想される場合には、「現
在の IT の力では実現できません」とストレートに伝えたほうがいい場合
もあります。

リアルタイム処理の SLA について

　筆者のこれまでの経験で、「リアルタイムに処理をさせたい」というニーズに何度か対応したことがあります。何かの処理をおこなって、その一連の流れで後続の処理をするようなケースです。具体的には、トランザクションの最小単位のまま後続処理に引き継ぐ方法になります。トランザクションをいくつかまとめて処理すると、それはバッチ処理（batch= 英語で束という意味）になります。

　厳密にいうと、先行する処理と後続の処理を同時におこなうことはできません。もし同時におこなうのであれば、先行する処理と後続の処理を同一トランザクションでおこなう必要がありますし、それは 1 つのサーバー内で 1 つのプログラムで実装するほうがいいでしょう。「リアルタイムに処理したいんだけど」と相談を受ける時には、たいていの場合、先行する処理をおこなうシステムと後続でおこなう処理のシステムが別で、物理的なサーバーも分かれていることが多いです。そのため、とりえる対応としては、本当に同時のリアルタイムではなく、「先行の処理が終わったら、なるべく時間の短いタイミングで後続の処理を実行する」方法になります。

　このようなリアルタイム処理の場合、SLA の定義が難しくなります。先行するシステムと後続のシステムが別のものである場合、システムの負荷状態も異なるでしょうし、両方の性能を加味して定義する必要が出てきます。

◎ トランザクションをまとめて処理するとバッチ処理になる

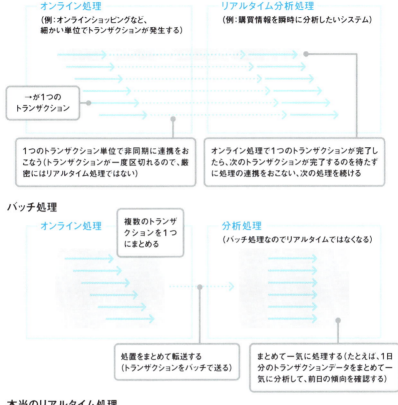

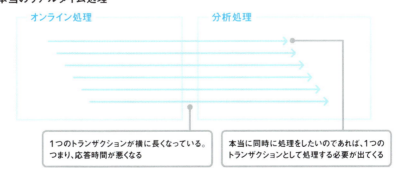

たとえば、「先行する処理が完了して後続の処理が完了するまで10分以内」と定義したとします。SLAの定義としてはそこまででいいのですが、システムを設計する段階においてはもう一歩踏み込んだ定義をしておく必要があります。

「Aシステムでおこなった処理をトリガーにして、Bシステムで後続を処理する」というケースで考えてみましょう。Aシステムでは、元となる処理をトリガーにして後続に引き渡すための処理が必要になります。さらに、その処理の後に、AシステムとBシステム間で連携させる処理が必要になります。その連携後、Bシステムで後続の処理をおこない、完了ということになります。

◎ Aシステムと連携処理とBシステムの処理時間

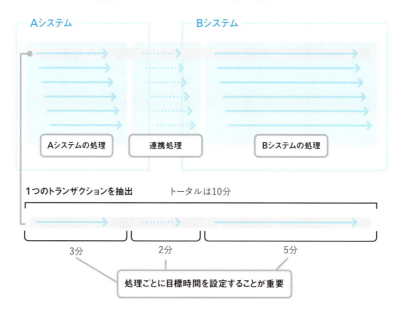

　「一歩踏み込んだ定義」というのは、これら3つのパートにどれだけ時間をかけるかというものです。おそらく、Aシステムと連携部分とBシ

ステムでは実装担当者が異なるでしょう。そのため、それぞれの担当者の持ち時間を明確にする必要が出てきます。そこが曖昧なまま、「すべて完了まで 10 分以内」というような SLA の定義のままだと、それぞれの担当者はどのレベルの性能を確保すればいいのかがわからなくなってしまいます。そのため、たとえば「A システムで 3 分、連携で 2 分、B システムで 5 分」などの時間を定義する必要があるのです。

　これも経験的な部分ではありますが、この 3 分、2 分、5 分という時間は実装上の目標であって、システムとしての SLA ではないので、こだわりすぎると失敗します。そもそも、リアルタイム処理は実装が難しく、A システム、B システムの負荷状態によっても大きく変わります。目標の時間は、お互いに融通しあうことが重要です。A システムでバッチ処理が流れている時間帯であれば、A システムの実装部分は苦しくなります。そのような時に無理に目標時間を達成しようとすると、ものすごくコストがかかってしまうことにもなります。冷静になって一歩引いてみれば、守らなければならないのは「B システムの処理が完了するまでが 10 分」という SLA なので、そこを達成できるかどうかを考えることが重要です。

　なお、「融通しあうことが重要だ」と記載しましたが、それを達成するには、A システムと連携部分と B システムのそれぞれの担当者が仲よくすることが前提になってきます。それぞれの担当者同士がギスギスした状態では、リアルタイム処理は絶対にうまくいきません。プロジェクトマネージャーは、アーキテクチャに目を光らせる必要もありますが、実際には開発担当者のコミュニケーションも重視する必要があることを付け加えておきます。

運用性について
考察する

　運用で一番コストに影響があるのは、システムの停止時間です。最近では平日は 24 時間連続稼働が求められるシステムが多いでしょうし、「365日まったく停止できない」というシステムもあると思います。しかし、システムの停止時間がないと、次の点で困ることになります。

①バックアップの取得が難しい
②定期リブートの時間を確保できない
③メンテナンスの時間を確保できない

　システムを停止できる時間が数時間でもあれば、運用のコストを下げることが可能になります。

バックアップを取得しやすくする

　システムの停止時間がないと、データを保存しているデータベース、ストレージのバックアップは難しくなります。インフラレベルでバックアップを取得するにはオンライン状態でバックアップを取得する必要がありますが、基本的にバックアップの取得には取得するタイミングの静止点が必要になります。バックアップ取得時にデータが更新されてしまうと、取得しているデータの一部で不整合が出てしまうからです。システムが停止できないとなると、静止点を確保できなくなるので、オンライン状態でバックアップする仕組みを導入しなければなりません。

◎ システムを停止できるときのバックアップと停止できないときの
　オンラインバックアップ

停止した状態ですべてをバックアップする

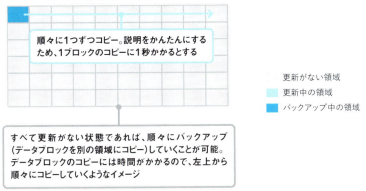

オンライン状態で何も考慮せずにすべてをバックアップする

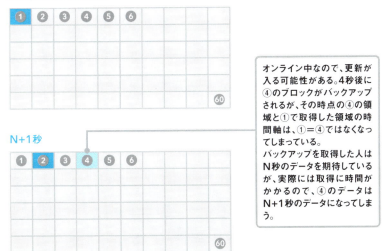

第4章　可用性、性能、運用性を考慮する　　119

オンライン状態で何も考慮せずにすべてをバックアップする

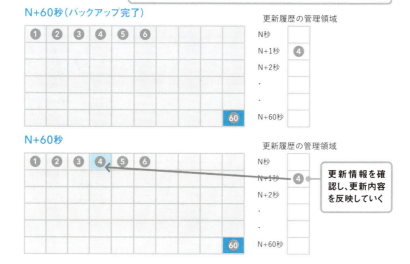

それらの仕組みはデータベースの機能で実装する場合もあれば、ストレージの機能で実装する場合もありますが、いずれにしても導入しなければならなくなるので、コストは増大します。

定期リブートの時間を確保する

システムをリブートすることが悩ましいケースはあります。過去に大量にサーバーを運用して HDD のトラブルでリブートするとサーバーが起動しなくなることもありましたし、データベースやアプリケーションのキャッシュは起動時間が長ければ長いほど安定していくシステムが多いので、そういうことを考えると「リブートをしないほうがいいのでは？」と思ってしまうこともあります。

ただ、ミドルウェアやアプリケーションがメモリリークする場合もありますし、まれにですが OS やミドルウェアにバグがありリブートを一度もしていないと問題になることがあります。やはり、定期的にシステムをリセットしたほうが安定すると思います。また、リブートしにくい理由があるということは、なんらかの問題を抱えていることでもあるので、その問題を解決する方向で進んだほうがいいと思います。

そのためリブートを計画するのですが、システムの停止時間がないとリブートすることができません。システムを停止せずにリブートさせるには、複数台のサーバーを準備して、ローリングリブートする必要が出てきます。ローリングリブートするにはハードウェアリソースに余力が必要ですし、リブートしても問題が生じない仕組みを実装する必要もあります。

◎ローリングリブート

サーバーの台数が少ない場合

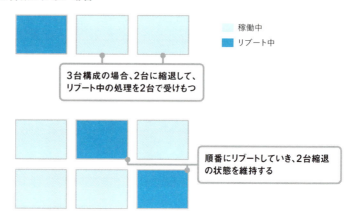

サーバーの台数が多い場合

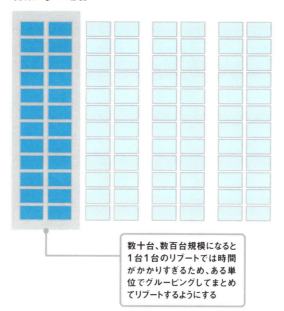

ローリングリブートするにはさまざまな方法があります。台数が少なければ1台ずつおこなえばいいでしょうし、多ければいくつかの台数をまとめた単位として扱い、その単位ごとにリブートします。

なお、リブート中のサーバーに対して処理を実行しようとするとエラーになってしまうので、リブート中のサーバーには処理が振られないようにする仕組みも必要になります。いずれにしても、ハードウェアリソースに余力を持たせ、さらにシステム的にもローリングリブート中に問題が起きないようにする必要があり、それらの理由からコストがかかるということになります。

メンテナンスの時間を確保する

たとえば、冗長化しているシステムのパーツが故障した時のケースを考えてみましょう。故障はしたものの、予定どおり冗長化機能がうまく働いて、システムが縮退したとします。縮退したとしてもシステムがうまく動いていれば問題がないことになりますが、次に故障が発生すると問題になります（二重障害に備えていない前提です）。

そんな時に、難しい選択を迫られることがあります。普通に考えると「故障したパーツを交換して、再び冗長化構成に戻せばいい」と思うかもしれませんが、システムの経験が長い人は、戻すときに再びトラブルになるケースがあることを知っています。そのため、特に重要な時間帯を避けて冗長構成に戻したいのですが、メンテナンスの時間がないとその選択が難しくなります。仮に、週末にメンテナンスの時間を確保できていれば、そこまで縮退運転を続けることもできます。そのようにメンテナンスの時間があると、安定運用のための幅が広がります。

別のケースとして、パッチの適用にも時間を必要とします。システムの運用フェーズになると、セキュリティ的な問題、バグなどから、パッチを適用しなければならなくなるケースが必ず発生します。ある程度は2つ

第4章　可用性、性能、運用性を考慮する　　123

めに記載したローリングリブートを組み合わせることで対応できるのですが、より安全に運用するには、システムを停止したほうが手堅くなります。また、パッチによってはローリングリブートで対応できないものもあるので、そのようなケースではメンテナンスのための停止を検討するしかなくなります。

　そのため、メンテナンス時間を確保しておくことはシステムの運用を安全で手堅いものにします。また、ローリングリブートなどの仕組みを構築する必要もなくなり、運用がシンプルになるため、トータルのコストにおいて有利になります。

コラム：クラウド業者の SLA

　最近ではクラウドを利用することが多くなったと思いますが、クラウド業者もサービスを提供するために SLA を定義しています。利用者は、その SLA を見ながら「自分のシステムにどれだけ適合するのか？」を判断します。AWS の EC2 の場合（2017 年 11 月 15 日に発効された内容です）、以下の 2 段階に分かれます。

- 99.0％以上 99.99％未満　→　約 0.072 時間〜 7.2 時間の停止時間
- 99.0％未満　→　約 7.2 時間以上の停止時間
　（1 カ月 30 日として計算）

　判断が難しいですが、「少なくとも 7 時間程度は停止するもの」と考えたほうが無難でしょう。可用性で記載した、難易度中〜低の間くらいの SLA ということになります。過去の大規模障害を調べてみると、オペミス、設定ミス、天候災害などさまざまな要因で停止しています。復旧にはおよそ 5 時間程度かかっていることが多いので、7 時間という時間も根拠があって算出されたも

のなのでしょう。

問題は、「クラウドを利用する場合、クラウド業者が公表している数値をそのまま受け入れるかどうか？」だと思います。仮に7時間停止するとして、それが朝9時に発生すると、その日1日はシステムを利用できなくなり、業務に大きな影響が生じます。そのため、実質的に1日使えないのと同じなので、SLAとしては「24時間以内に復旧するシステムと同じレベルになる」と解釈できます。つまり、重要なシステムはクラウド上で動かせなくなります。

本当にその解釈が正しいのでしょうか？　これまでの説明で、特に可用性は選定する製品と組み方で満たすことのできるSLAが変わることはご理解いただけたと思います。クラウドの場合、製品は選べないので、組み方で工夫するしかありません。仮に組み方を工夫することによって、クラウド業者が公表するSLAよりも実質的に引き上げることができれば、クラウドの利用価値は高まると思います。考え方はいろいろあると思いますが、インフラエンジニアとしてはそういう部分をあきらめずにトライすることで、自社に対して大きく貢献する道が開けると思います。

後から変わる SLA で
不幸にならないためにすべきこと

　これまでいろいろなシステムを担当しましたが、トラブルをきっかけに、求められる SLA が変わってしまうことがあると思います。「可用性が低かったはずのシステムが、気がつけばその可用性では許されない雰囲気になっている」というケースをいくつも見てきました。特に日本人は品質に対して過剰なまでにうるさいですが、その気質が SLA をなし崩しにしていると思います。

　また、システム担当者も日本人であれば、元々の気質は同じようなものを持ち合わせているため、相手の意図がわかってしまい、SLA を満たしていても開き直らないと思います。開き直ってしまうと、自社のシステム担当としては利用ユーザーとの関係も悪くなるので、現実的にはそういう選択はできません。そういう不幸なスパイラルに入らないポイントを紹介していきます。

ユーザーを怒らせない

　トラブルが発生した時に、ユーザーは怒っていることが多いと思います。特に重要なシステムであればなおさらです。そんな時には「ユーザーは怒るものなんだ」と思って落ち着きましょう。相手の怒りに合わせて対応していてはまともな動きができなくなりますし、結果的に無駄な動きになることも多いです。

　また、そもそも相手が怒るのには理由があります。私が経験した一番よくないパターンは、ユーザーへの連絡が遅いケースです。ヘルプでトラブルの現場に入った時にはすでに炎上していることがありますが、そういう

現場は指揮命令系統に問題があり、連携が極めて悪い状況にあります。ユーザーを怒らせないポイントは、以下の2点です。

・トラブルの一報を限りなく**速やかに伝える**
・進捗を**こまめに連絡する**

トラブルの一報を限りなく速やかに伝える

　トラブルの発生を先にユーザーに気づかれると、その時点で「システム担当は何をやっているんだ」と思われ、そのケースは後手に回ります。そのため、メッセージ監視などでトラブルに気づいた場合には、相手に速やかに伝えるのが鉄則です。「怒られるから嫌だな」と思ったらその時点で悪循環に入るので、注意してください。システム担当側でトラブルを検知し、ユーザーが気づく前に伝えるのが極めて重要です。

進捗をこまめに連絡する

　トラブルが発生すると、ユーザーは不安になります。その不安が解消されないと、徐々に怒りに変わっていきます。障害訓練でトラブルの手順を確認することがあると思いますが、その時にはぜひユーザーの担当者役を配置してください。その役の人は、訓練現場とはまったく別の場所で待機して、連絡のやりとりだけをおこないます。人間は、不安な状態で連絡もないと、どんどん不安が増幅します。訓練なのでそこまで緊迫感はないと思いますが、どのくらい連絡がないと不安になっていくのかの時間を計測してみたほうがいいと思います。私の経験では、不安にさせるリミットは15分です。

　もし「訓練なのでそこまで不安になれなかった」という場合、別のケースを考えてみるといいと思います。たとえば電車に乗っている時に、何らかの理由で止まってしまい、車掌が「原因を現在確認しております」とだけ言ったとして、あなたは何分イライラしないで待つことができるでしょうか。そういう時の5分は、かなり長く感じると思いませんか。ユーザー

にしてみれば、トラブルの時の待ち時間はそれに近いと思います。そのため、トラブル対応中には、15 分経ったら適切な人に必ず連絡を入れたほうがいいと思います。たいした進捗がなくても、今やっていることを伝えるだけでかなり安心されて、無用な説明を減らすこともできます。このような心がけをすることでトラブル対応後の動きも変わってきますし、がんばっていることが伝われば SLA を変更するような話にならずにすむことも多いと思います。

システムの変化を見逃さない

　ここからは、トラブルが発生していない平時の対応になります。システムをリリースして運用していると、要件が追加・変更されたり、システムの使われ方が変わって、システムの動きが変化することがあります。その変化を見逃さないことが重要です。変化のトリガーになるのはいくつかのパターンがあります。以下に例を記載します。

・ユーザーが増える（社内であればユーザー部門が増える）
・今までと違う種類の要件、サービスを扱う
・ユーザーがシステムに変更を加える

ユーザーが増える（社内であればユーザー部門が増える）
　ユーザー数が増えるときは要注意です。システムの動き、バランスが変わることに加え、重要な業務が追加されている可能性があり、元の SLA とずれてしまうことがあるためです。インフラ的な観点からすると、明らかに SLA が合わなくなりそうな場合は問題提起をする必要があります。
　特にインフラには知らされずに利用する人数が多くなることがあります。使う人が多くなるのは「便利だから使われる」「システムを使うことが社内的に重要になったから使われる」などの理由によることが多いのですが、

そういう変化によって、知らず知らずのうちに SLA が上がることになります。

　定期的にリソースの使用量を分析していれば気づくことはできますが、そのような変化があった場合には再度 SLA に問題がないかを確認すべきです。もし問題があっても急にシステムを改修するのは難しいと思いますが、問題提起しておくのとそうでないのとでは大きな差になります。

今までと違う種類の要件、サービスを扱う

　今までと違う要件、サービスなどを追加する時も同様です。このような時はアプリケーションの改修がおこなわれることが多いですが、追加する内容によって SLA が大幅に変わる可能性があります。

　問題なのは、アプリケーションの担当者が独断でインフラ担当に伝えずに変更を加える時です。特に経験の浅いアプリケーション担当者が変更を加えることによって SLA が下がってしまうことがあるかもしれませんし、SLA について深く議論せずに重要な処理を追加することもあります。そのため、知らないうちにシステムが SLA とは異なった状態になることがあります。

　ちなみに、これらの変更の時に、仮にアプリケーション担当者がインフラ担当に伝えて検討したとしても、SLA を見直せない場合があります。追加要件の発端として、既存のシステムを改良したい裏に、コストを抑えたい場合があるからです。「新規にシステムを構築したいが、その予算はなく、既存のシステムに要件をねじ込もうとしている」というケースも考えられます。たしかに目先のコストは安くなり、問題なく健全に動いている場合は気にならないのですが、いざトラブルが発生すると大問題に発展します。

　インフラ担当としては、利用用途と SLA が合っていない場合には問題があるということをしっかりと伝え、伝えた記録も残しておく必要があります。最終的にはコスト的に押し切られることが多いと思いますが、「それは問題がある」としっかり認識してもらっておくことが重要です。

第 4 章　可用性、性能、運用性を考慮する　　129

ユーザーがシステムに変更を加える

EUD（End User Developing）、EUC（End User Computing）と呼ばれるスタイルで、インフラのみを提供することがあると思います。その場合、ユーザーが自由に開発できるので、勝手に重要な業務を追加しているケースがあります。ユーザーは自分の業務が円滑にこなせれば目的を達成できるので、目に見えない非機能を気にすることはありません。そのため、トラブルが発生した時に、SLA のアンマッチを招きやすくなります。

ただ、仮にアンマッチが発生したとしても、「そもそも SLA で定義されたレベルの環境である」ということは残しておく必要があり、問題が発生したらそれを基準に議論すべきです。

後々 SLA でもめないための インフラのポイント

SLA の中でも、特に可用性、性能、運用が重要だと記載しました。それらの中でも特に重要な可用性と性能で後からもめないように、工夫をして予防線を張ります。「工夫する」といっても、コストが上がってしまっては意味がありません。コストを上げずに、もしくは気にならないレベルの増加率で達成するのがポイントです。考え方はいくつかあります。

①価格交渉によって下がった金額で、少しだけ可用性・性能のいい製品を買う
②故障率の高いパーツを選択しないようにして可用性を向上させる
③システムのバランスを考慮して、性能コスト効果の高いパーツを採用する
④性能が極端に悪くなる実装をさせない
⑤システムの動作が変化する設定を導入しない

価格交渉によって下がった金額で、 少しだけ可用性・性能の良い製品を買う

価格交渉については、第 2 章で記載したテクニックを使いながら交渉していきます。価格交渉でディスカウントに成功した場合、もしくは成功が見込める場合に、差額で少し上のランクを手に入れます。

ここも車を例に説明してみます。車には、同じ車種でも複数のグレードがあるのが一般的です。たとえば予算が 200 万円だったとして、定価 200 万円の中級グレード車を 170 万円で購入できる交渉が成立したとします。

第 4 章　可用性、性能、運用性を考慮する　131

もちろんそのまま購入してもいいわけですが、差額30万円分を考慮すると、もう少し上級のグレードが手に入る可能性があったとします。その時に、上級グレードを選択するメリットが大きければ、上のグレードを手に入れてしまうことも選択肢になります。

　システムでも同様で、価格交渉してディスカウントできた場合、少し上のグレードに手を出す選択肢があります。もちろん上のグレードを買うことが有効かどうかを判断するには、これも第2章で記載したように、製品をどれだけ知っているかが重要になります。そのため、事前の調査が重要になるわけですが、そのような選択をすることで、システムをより安定・安全な方向に導くことができます。

　2点目、3点目については、システムを構成する要素が重要になってきます。詳細については、第9章、第10章、第11章で記載します。

性能が極端に悪くなる実装をさせない

　4点目については、これまでのようにモノで解決するのではなく、アプリケーションの構築方法でシステムを守るアプローチです。先に記載したように、アプリケーションの実装次第で大きく変化するのが性能になります。そのため、性能の悪いアプリケーションを構築できなくすればいいことになります。

　私がこれまで最も効果があると感じているのは、性能の悪い処理を常に開発環境でモニタリングする方法です。単純にCPUやメモリのリソース状況だけをモニタリングしても何が悪かったかの情報が得られないので、もう一歩踏み込んだ情報が必要になります。検討するうえで一番重要なのは、「変な実装をしたアプリケーションを特定できるか？」です。アプリケーションの実装によりますが、プロセスレベルまで特定できれば原因がわかる場合もあれば、そうでない場合もあると思います。プロセスまででよけ

れば OS である程度特定できますが、その中身になるとログ出力も重要になります。

　また、頻繁に性能問題を起こすデータベースに着目するのも効果的です。定期的にクエリをモニタリングして、効率の悪いものをキャッチできれば、確認することができます。経験的に、インフラ側でキャッチした処理は、面倒でもアプリケーション担当にその都度確認すべきです。何度も確認していると、アプリケーション担当者も徐々に性能を意識するようになりますし、インフラ担当側もそこで動くシステムに対して理解を深めることができます。

システムの動作が変化する設定を導入しない

　5点目は、システムの動作がテストした時と同じ状態を維持し続けることです。維持できない典型例は、インテリジェンスな機能を用いてより効率的にシステムを動かそうとするケースです。「その時に応じて最適なリソース活用を判断してくれる」という謳い文句の機能を使って、100%効率的に動いてくれれば安心して使えるのですが、実際にはそんなことはありません。

　よく問題になるのが、データベースのオプティマイザで、その時のデータに合わせて最適な動作を選択する「コストベース」という動きを選択するパターンです。この設定はシステムを不安定にするため、私は原則的に使わない方向で考えます（使ったとしても、動作が変わらないようにします）。「データベースがその場で考えて動く」ということは、「テストをおこなわずに実行させている」のと同義だからです。そのため、構築時にテストした動きと異なる動きをする可能性がある時には、そうならないようにする必要があります。このような動きはデータベース以外にもあるので、システムを設計する時には注意し、その変化による影響をよく確認する必要があります。

このような工夫をしていくことで、システムが安定しやすくなり、仮に
当初の想定と変わった動きをしていても、インフラのレベルで影響を受け
きることができます。特に可用性と性能は、インフラ担当がシステムトラ
ブルの最後の砦にもなるので、そこのレベルでフォローしきれるかは非常
に重要になります。

第 5 章

OSS か
プロプライエタリか

バグの対処の方法によって
コストは大きく変わる

　コスト削減のために OSS（Open Source Software）を検討することがあります。たしかに、ライセンス条項に則り、自己責任で利用していれば、ライセンス料もかからなくなる分は安くなります。しかし、ソフトウェアなので、必ずバグがあると考えておいたほうがいいでしょう。問題は、不幸にもバグに遭遇してしまった時の対処方法です。その対処によって、大きくコストが異なります。

　バグへの対処方法を検討する前に、OSS の特徴を考えてみましょう。OSS の特徴は、何といってもソースコードが公開されていて、自由に見られることでしょう。さらに、多くの場合、ボランティア的に改良したり、メンテナンスするコミッターが存在します。コミッターはだれかに命令されたり縛られるものではないので、非常に自由です。そのため、コミッターが多く在籍して注目されていれば盛り上がりますが、ほかに魅力的な技術が出てきたらコミッターはそちらに移ってしまうかもしれません。また、一度減ったコミッターが何かの理由で増える（戻ってくる）こともあります。そういう安定感のなさが、OSS を扱う時の一番の課題になります。それらを加味して、バグの対処を検討する必要があります。

　バグの対処法によって、コストは大きく変わります。安い順に対応方法を記載します。

①自分で保守・メンテし、問題があれば自分でソースコードを読んで改良する
②バグに遭遇したタイミングで自分である程度切り分けして、ソースコードの解析を依頼する
③サブスクリプションを購入しておき、サポートにすべて解析を依頼する

④ OSS の導入・保守まで SIer にすべて依頼する

自分で保守・メンテし、
問題があれば自分でソースコードを読んで改良する

　自分で対応できればキャッシュアウトはありませんが、自分自身の対応コストが問題になります。すぐに問題解決できればいいのですが、習熟度によって対応レベルも大きく変わります。

　たとえば、私は Redmine をこれまで何度か使いましたが、多少のトラブルや改良は自分でおこなうこともできるものの、あまりにも大幅な改修は手間ですし、対応している時間もありません。

　別の例として、Linux カーネルのソースコードを自分で保守しようとすると、難易度は一気に上がります。問題の解決には相当時間がかかるかもしれませんし、そもそも解決できる保証もありません。

　言語としても、Redmine に使われている Ruby（Ruby on Rails）のようにコンパイルを必要としないインタプリタ言語はライトに運用しやすいので変更が容易ですが、C 言語のような厳密にコンパイル環境を求められる場合はリンケージの指定などそれなりの準備も必要になります。

　導入する OSS によって、自分で対応できるレベルや手間にも差があります。自分で保守・メンテする場合には、自分のスキルとの相談になります。

バグに遭遇したタイミングで自分である程度切り分けして、
ソースコードの解析を依頼する

　OSS を得意としている会社がいくつかありますが、そういう会社の解析メニューを活用するケースになります。自分にスキルがない場合や、時間がない場合に、それを補完するために利用する方法です。解析を得意に

している会社にはノウハウもあるので、効果的な場合もあります。

　ほかには、あまりメジャーな製品ではなく、サブスクリプションモデルの提供が少ないケースもあります。Linux などは多くのサブスクリプションメニューがありますが、OSS は種類が多く、サブスクリプションが提供されていないものも多数あります。それらの製品の中で使ってみたいものがあった場合、自前で保守できればいいですが、さまざまな制約でできないこともあります。そういうケースにも、解析のサービスは活用できます。

　いずれにしろ、ある程度までは自力で解析を進められるスキルがあることが前提になり、時間的制約、スキル的制約によって詳細な解析をやりきれない部分を補う形になります。

　コスト的に効果があるのは、1 つめの「自分で保守・メンテし、問題があれば自分でソースコードを読んで改良する」と組み合わせるケースになると思いますが、ある程度技術力に自信があり、問題が起きても多くの場合で対処できるのであれば、キャッシュアウトは必要としません。どうしても困った場合のための保険として考えておくことで、コストを下げて効率的に時間を使うことができます。もちろん、保険のためのコストが大きくなりすぎると意味がありません。サブスクリプションを購入してしまったほうが安いのであれば、それを選択したほうがいいでしょう。

　いずれにしても、ある程度の確認までは自分自身でおこなう必要があります。自身の確認がコストに対して大きく影響してくるので、どこまでできるか、自分自身でよく評価する必要があります。

サブスクリプションを購入しておき、
サポートにすべて解析を依頼する

　この場合は、プロプライエタリの製品を購入するのとそれほど差はありません。製品の特長とコストを純粋に比較することで判断できると思います。

　これが OSS を利用する時に一番多いケースだと思いますが、実際には

製品のコスト差で判断するよりも、自社で対応できるエンジニアやメインSIerが得意かどうかのほうが要素としては大きいと思います。たとえば、Linuxを扱えるエンジニアはかなり多くなり、現在ではUNIXよりも圧倒的にメジャーだと思います。一方で、RDBMSにおいては、アプリケーション担当でOracle DBが得意なケースもあると思いますし、「PostgreSQLも扱えなくはないものの、いつも使っていないのでその分がコストに転嫁される」ということもあるかもしれません。新規システムであればたいした問題にならないと思いますが、既存システムのマイグレーションの場合であれば、SQLが実行できないこともあり、そうなると対応コストが必要になってしまいます。

　また、サブスクリプションの購入とプロプライエタリ製品の購入では、コストの計上が異なります。サブスクリプションは製品に関してのサポートとして購入するので、製品自体にコストがかからないことになります。対して、プロプライエタリ製品を購入する場合は、初期費用が必要になります。

◎ プロプライエタリ製品の場合、初期投資が必要

第5章　OSSかプロプライエタリか　139

通常、ライセンス購入費の 20％程度が保守料になりますが、イニシャルコストとランニングコスト（保守料）の両方が必要になる点が大きく異なります。システム投資の観点からは、サブスクリプションのほうが構築時のコストを抑えられるのでメリットがあることになります。

コラム：イニシャルコストとランニングコスト

製品を安く買うために、ディスカウント交渉をすることがあります。ソフトウェアの場合、イニシャルコストとランニングコストのそれぞれのディスカウントを確認し、トータルコスト（5 年間などの期間利用するとして考えます）が有利なものを選定する必要があります。

ディスカウント交渉をしていくと、一般的な傾向として、イニシャルコストのほうが割引を得やすくなります。ソフトウェアの場合は複製が容易なため、ある程度製品を販売できて製造コストの回収目途が立っていれば、それ以降はコピーして販売するだけなので、販売側もディスカウントしやすくなります。また、イニシャルコストを戦略的に下げて、長期の安定収入が見込めるランニングコストで売上を上げる戦略も考えられるでしょう。そのため、イニシャルコストは割引を得やすい面があります。

しかし、ランニングコストはそうなりません。ランニングコストは保守料になるので、保守するためには一定の要員が必要です。人件費がかかるので、大幅な割引を得るのは難しくなります。もちろん、購入ボリュームが多ければディスカウント交渉ができますが、ディスカウントしたからといって保守要員の単価を下げることはないので、どうしても割引を得にくくなります。また、プロプライエタリ製品のランニングコストと OSS のサブスクリプションは、どちらも「ソフトウェアのサポートのための人件費がかかる」という観点からすると似たような金額になることがあり

ます。サポートするソフトウェアの機能や規模（ソースコード量）
が似ていれば、それにかかるコストも似てくるのは必然だからで
す。

OSS の導入・保守まで SIer にすべて依頼する

　このケースでは、無理に OSS を選択する理由はないと思います。SIer
からの提案で最も合理的なものを選択すればよく、そこで使われる製品は
何でもかまわないということになります。そのため、仮にプロプライエタ
リ製品の提案であった場合には素直に購入すればいいですし、OSS で提
案があればそのまま受け入れることになります。
　たしかに、OSS を指定することによって、ソフトウェアのライセンス
コストは下がるかもしれません。しかし、構築や保守のノウハウでプロプ
ライエタリ製品のほうに優位性があり、結果的にコストが下がることも考
えられます。OSS を選定するには、ある程度は自ら踏み込み、全部では
なくても状況判断と切り分けはおこない、ある程度製品をコントロールで
きる状況でなければ、コスト的なメリットを享受するのは難しいと思いま
す。

　以上、4 つのパターンを解説しましたが、実際に本番環境の運用まで前
提としたシステムを OSS で構築する場合は、2 点めか 3 点めのどちらか
の選択になると思います。そこは選択する OSS の枯れ具合でコストも大
きく変わってくるので、その都度選択する OSS によって判断するほうが
いいと思います。Red Hat Enterprise Linux のように、歴史もあり、利用
者も多いものであれば、その派生版の CentOS（正確には GPL ライセン
スに従いソースを公開）を使用することも考えられます。そうすることで、
安定した製品を低コストで使用することができます。

第 5 章　OSS かプロプライエタリか　　141

なお、2点めのメジャーな製品ではなくサブスクリプションモデルの提供が少ないケースは、まだ発展途上の OSS であるといえます。安定していないものの、先進的な技術が次々と投入されていて、それらに魅力を感じる場合は、コストとは別の観点から導入することになります。

　このように、OSS のバグに対してはさまざまなアプローチがありますし、利用する目的もいろいろあります。そのため、「OSS が安い」と単純に結論づけるのはできないと思います。特に計算しやすいインフラのソフトウェアコストは下がるかもしれませんが、不慣れな製品を使うことでアプリケーション開発のコストが上がることもあります。そのため、「システム全体で見た時にはそれほど極端に安くなく、大きな差にはなりにくい」ということがよくあります。本当にコスト削減を狙いにいくのであれば、「全面的にプロプライエタリの製品をやめてしまい、すべて移行する」くらい極端なことをしないと、ナレッジ集約、アプリケーション開発の効率性が得られにくく、効果は薄まってしまうことが考えられます。OSS にしろプロプライエタリ製品にしろ、いくつも製品を維持・保守するのは、結果的に効率が悪くなります。

OSS の強みとは

ソースコードがオープンである

それでは、極端にコストメリットが生まれにくい場合において、OSS を採用するメリットはなんでしょうか。私は、ソースコードがオープンであることが最大のメリットだと感じています。

かつて、非常に重要なミッションクリティカルなシステムであえて OSS を採用したことがあります。その時は、先ほどの2点め、3点めの両方を採用しました。つまり、「サブスクリプションを購入していながら、ソースコードをすぐに読める人を確保した」ということです。サブスクリプションを購入していたので通常であれば十分なサポートレベルがありましたが、システムの重要性を考えてさらにサポートレベルを上げたかったためです。

実際にプロジェクト中にバグを見つけたことがあるのですが、問題の解決まで非常に迅速でした。問題が発生した時に自分で動作確認をおこなって、うまく動作しないパッケージを特定し、Web ベースで解析を依頼しました。しかし、時間もなかったので直接エンジニアとメールでのやりとりを開始しましたが、数回のやりとりでコミュニケーションロスもあったので、さらに電話会議に切り替えました。電話会議中にもソースコードを確認してもらいながら議論し、事象を話しながら試行していき、その場で問題を特定できました。さらにそこから1時間程度でパッチを作成してもらい、その後は現場側でテストをおこない、一気にトラブルシュートできました。そこまでで、1日かかっていません。

通常のプロプライエタリ製品の場合は Web で問い合わせをすると思い

第5章　OSS かプロプライエタリか　143

ますが、「重要なトラブル」と伝え、エスカレーションしたとしても、パッチを作成するようなバグの場合、かなり迅速に対応したとしても数日かかることが多いと思います。まずバグの認定までにかなり時間がかかりますし、通常のサポートでは類似の事例を探すアプローチをとるのでそこでも時間がかかることがあります。さらに必要な情報を集めて送っても、後から「これも送ってください」と言われることが多く、そういうやりとりのロスも多いと思います。また、多くの製品ではサポート部隊と開発部隊が分かれているので、ソースコードレベルで確認しようとすると開発部隊への連携が悪く、スピード感がなくなることがあります。さらにパッチ作成ともなると、その分が追加で時間がかかります※。

　先ほどの私が経験したケースは、問題がすぐに特定できて、作成したパッチもテストなしで受けとり、自分でテストしたので、有利な面があったとは思います。しかし、それだけの対応を OSS 以外でおこなおうとするとかなり難しく、同レベルの対応を考えると体制のコスト的にも OSS のほうが有利になります。

　このように、OSS の最大の強みはソースコードがオープンであることです。一見するとあたりまえですが、その特性を理解してうまく体制を組み合わせることで、非常に強力なサポートを得られます。私は「非常に重要なシステムこそ OSS のほうがいいのではないか」とも思いますし、そういうアプローチを取れるのが OSS の魅力だと思います。

> ※製品によってはサポート部隊がソースコードを読んだりパッチを作成できる場合もあるので、製品ごとに対応力の確認が必要です。また、緊急パッチは簡易的なテストのみをおこなって提供されることが多いので、パッチにもバグがある可能性はあります。実際に、プロプライエタリ製品を使っていてパッチを作成してもらったものの、パッチにもバグがあり、パッチのパッチ作成になったこともあるので、注意が必要です。
> そう考えると、ソースコードがオープンで修正内容もオープンな

OSS のほうがテストもしやすく、合理的なこともあります。少なくとも「どういう修正をおこなったか?」がソースコードから説明してもらえると、実際に追加でどのようなテストをおこなえばいいかが明確になるので、システムの構築・保守をおこなっているメンバーには非常にメリットがあります。

システムをほったらかしにしやすい

　ソースコードがオープンである副次的なメリットとして、システムをほったらかしにしやすいことも挙げられます。一般的に、ソフトウェアにはサポート期限があります。製品にもよりますが、5 〜 10 年でサポートレベルが下がるか、打ち切られます。サポートが打ち切られた製品はバージョンアップしなければならないのですが、ビジネスサイドの要件(ユーザー要件)でないにも関わらずシステムを更改しなければならなくなります。ハードウェアのように物理的に製品が劣化するのであればシステム更改が必要なこともわかるのですが、ソフトウェアは劣化することはないので、ビジネスサイドの納得を得るのは難しくなります。多額のコストを払ってシステムを更改しても、それがソフトウェアの更改であれば、ユーザーは何らメリットを得られません。

　そうするとそのシステムをほったらかしにしたくなるのですが、ほったらかしにする場合には OSS のほうが対処しやすくなります。一般的に、数年運用したシステムは安定期に入っているので、問題はあまり発生しません。問題が発生しないということは、製品サポートが不要であることを意味します。そのため、ソフトウェアのサポート期限が切れてしまったとしても、サポートを不要としてそのまま使い続けることができます。仮に問題が発生したとしても、OSS の場合ソースコードがオープンであるため、自分で何とかする手段が残されます。必ず自分でやりきらなくても、お金を払って対応できる人を探すことも考えられます。いくつかの手段を持った状態で、

ソフトウェアをコントロールすることができるのです。これがプロプライエタリ製品の場合は、ソースコードがわからないので、原因と対象の特定が困難で、動作を推察しながら運用で回避するしかなくなります。

バージョンアップに柔軟に対応できる

　このような話になると、プロプライエタリ製品のベンダーはさまざまな理由で製品アップデートを要求してきます。「新しいバージョンのほうが新機能を使うことができる」「製品として成熟している」という宣伝文句や、セキュリティ対応としてバージョンアップが必要ということがあります。たしかにそういう側面もあるとは思いますが、ベンダーがアップデートを要求する一番の理由は「サポートするバージョンの種類を減らしたいから」です。サポートするバージョンがバラバラだとコストがかかりますし、仮にバグが発見された場合に「どのバージョンの修正が必要なのか？」「パッチは別のものを作成しなければならないのか？」などさまざまな検討も必要になります。ただ、それはあくまでもベンダーの言い分であって、致命的なバグにヒットしていないのであれば、利用者はわざわざ手間をかけてバージョンアップしたくないのが本音です。

　また、SIerもシステムの更改を推奨してきます。更改プロジェクトになれば工数が発生するためです。ただ、これもSIer側の都合であって、ユーザー側の都合ではありません。システムの目的を見失ってはならないのですが、システムはビジネスを効率的におこなうためのツールです。極端にいえば、ビジネスを効率的にしない投資は極力控えるべきです。

　そのため、「バージョンのコントロールのしやすさ」という観点であればOSSのほうに優位性があり、トータル的にコストを抑えられる可能性があります。必要であれば自分でパッチを作成することもできますし、いろいろと対応するよりもバージョンを上げてしまったほうがコスト的に合理的なのであれば自分たちの好みのバージョンに上げればいいのです。

OSS の向き不向きを考える

丸投げする人は OSS に向かない

OSS に限った話ではありませんが、ひと言でいうと「丸投げする人」は OSS には向きません。特に OSS の場合、製品のオープン性が魅力なので、そのオープンな部分をうまく引き出せないと、活用する意味がなくなってしまいます。プロジェクト中に何か問題が生じたときに、問題の切り分けのためにコンポーネントの動かし方や情報の取り方などを工夫して問題を探っていく必要がありますが、そういう検証を利用者側でもおこなわないと問題解決には時間がかかります。

前述したように、OSS には流行り廃りもあるので、「一定レベルのサポートを安定して供給してもらえる」という観点ではプロプライエタリ製品のほうが優れます。以下のようなケースにおいては、無理に OSS を利用しなくていいと思います。

・問題が発生した時に、問題発生個所の切り分けができない
・要員が不足していて、1 つ 1 つの問題に深く入れない
・長期間安定した品質を求められ、自力での対応が困難

これらの問題がある場合には、OSS を利用すると、かえって効率が下がることがあります。繰り返しにはなりますが、OSS のよさを引き出すには「その製品をどれだけ自分たちで理解できるか？」がポイントになります。

開発や管理を効率化するツールに向く

OS やミドルウェアの OSS は、インフラ担当として検討すると思います。Linux であったり、データベースなどです。それら以外にも、アプリケーションが OSS で提供されていることがあります。先ほど記載した Redmine もそうですが、プロジェクト管理や構築のためのツールなどです。アプリケーション担当者が開発するようなものとは少し違いますが、これらのアプリケーションをインフラ担当として導入し、開発を効率的にすることもできます。

このような、ユーザーに提供するものではなく、自分たちで使う開発ツールなどに関しては、OSS が非常に強力です。自分たちのスタイルに合わせてカスタマイズすることもできますし、ツール間の連携機能の実装にも役立ちます。プロプライエタリ製品の場合、その製品が利用しているデータベースの情報を抜こうとすると動作が保証されなかったり、いろいろと問題があることがありますが、OSS の場合であれば自己責任にはなりますがそういう問題は発生しません。

さらに、OSS の場合、カスタマイズしようと思うと、同じことを考えている人が多いこともメリットです。同じような悩みや不満を持っていて、元々の OSS に手を加えている人はたくさんいますし、インターネット上にさまざまな情報が公開されています。変更のためのソースコードを開示してくれている場合もありますし、場合によってはパッチを作ってくれている場合もあります。仮にそういうソースがなかったとしても、変更のためのヒントが多いのも OSS の特徴です。そのため、自分たちの開発や管理を効率的にするためのツールは、お金をかけてプロプライエタリ製品を購入するよりも、OSS を活用していくほうが効率がいいと考えています。

コラム：推理小説に似ているシステムトラブル

迷宮入りしてしまうトラブルはかなり多くあります。難解なトラブル対応は、まるで推理小説のようです。なぜ迷宮入りしてしまうのか、理由はいくつかあります。

- 問題が発生する条件が複雑で、なかなか再現させられない
- 問題を特定する情報を取得しようとすると、負荷の関係で再現しなくなる
- ある程度情報を得られたとしても、影響を受けている被害者がわかるだけで、犯人がわからない

再現が難しいのは、ある程度システムの経験のある人なら不幸にも体験してしまっているのではないでしょうか。システムは非常に多くのプログラムを同時並行で起動させているので、それらの影響を見極めるのは困難な場合が多くあります。よく「タイミングイシュー」などといわれたりもしますが、動作させる順番やタイミングによって事象が発生しなかったりします。そんな中でも、「一度だけ発生して再発しない」「再現させようと思っても、再現できない」ようなケースでは情報が取得できないため、お手上げになってしまうことがあります。そういうトラブルは、迷宮入りする可能性があります。

また、再現しているので情報を取得しようとして、情報取得用の処理を割り込ませると、それが原因で再現しなくなってしまうということもよくあります。これも困ってしまうケースなのですが、情報を取得するとシステム的には負荷がかかることが多いので、それに起因して動作のタイミングがずれて、再現しなくなるのです。このケースは再現しているので迷宮入りさせずに済むこ

第5章　OSSかプロプライエタリか　　149

とが多いですが、直接的な情報は取得できず、動かし方を変える
などしてシステムの仕様を読みながら、推理していく必要が出て
きます。怪しいコンポーネントやパッケージを1つずつ確認して、
動作タイミングなども検証していきますが、状況証拠の積み上げ
になるので、解決にはかなりの時間がかかります。

そのほかによくあるのは、「エラーメッセージが発生して、確認
してみると、その処理自体は問題ではない」というケースです。
エラーを出している問題はほかの処理によって起こされていると
いうことがあります。問題を起こした犯人は特定できず、事件が
あったこと（エラーが発生したこと）のみがわかります。残され
た情報から推察しても、限界があります。そのため、普段から取
得している情報を手がかりに犯人特定に挑むわけですが、その情
報が重要です。たとえば、CPU 使用率を取得したとしても、な
にもわかりません。また、取得する情報が 10 分に 1 回のスナッ
プショットだと、なにもわかりません。コンビニに 10 分に 1 回
写真を撮る仕組みがあったとして、強盗が入ったとしても 10 分
に 1 回では決定的瞬間を写すのは困難でしょう。おそらく、強
盗が入る前の写真と、強盗が立ち去った後の、事件があったこと
を示す写真しか残らないでしょう。コンビニにはビデオカメラが
あるので再生すればわかりますが、システムの場合ビデオを撮る
ようなことをしようとするとシステムの負荷が高くなりすぎて現
実的ではありません（すべてのプロセスにスタックトレースをし
かけるなど）。そのため、10 分に 1 回の間隔を短くし、推理で
きるレベルにしつつ、負荷も許容できるものを目指す必要があり
ます。そこまでして苦労して情報を集めても、そこからは推理し
なければならないのが一般的です。

このような困難な状況に陥った時に、OSS だと得られる情報が
増えます。ソースコードを確認したからといって原因が解明でき
るわけではありませんが、犯人の絞り込みには有効です。

第6章

標準化で
コストダウンは
図れるのか

標準化の功罪とは

学びの場を失わせる標準化

　システムの数が増えてくると、構成する製品の種類やバージョンのバリエーションが増えてきます。バリエーションが無計画に増えると、メンテナンス時にコントロールするのが難しくなります。そういう状況になると、多くの企業では社内の標準化を目指すと思います。一部のくわしいエンジニアによってよく考えられた構成パターンや設定を準備する企業が多いのではないでしょうか。そうやって設計されたものは、仮想化の時代を経て、PaaSに進化することも多いと思います。標準化はなぜおこなうかというと、バリエーションを減らして保守コストを削減する以外に、設計時の検討項目を減らして品質を高めつつコストを減らす目的があるからです。

　ただ、「検討項目を減らして設計時に楽ができる」ということは、その担当者から考える機会を奪っていることにもなります。標準とされる設定を1つ1つ確認していけば標準をかみ砕いて自分のものにできるので学ぶこともできますが、私がこれまで見てきた担当者でそれをおこなっている人はほとんどいません。実際にシステムを構築しているとやらなければならないことは山のようにあるので、すべてにおいてくわしく見ている暇もありません。そのため、安全とされる部分は手を抜き、ほかに注力するほうが合理的です。

　その結果、標準化されたシステム構築が増えれば増えるほど、誤解を恐れずにいえば力のないエンジニアが増えてしまいます。もっというと、エンジニアでもない人が増えてしまうこともあります。多くの組織はそれを危機と捉えて対策を検討するものの、どんどん進む標準化の波にさらに呑

まれてしまいます。私もそのような標準化の流れを何度も経験してきまし
たし、そのたびに「内製化するんだ」というキーワードが飛び出したりし
ます。同じような議論は、他社のエンジニアからもよく聞く話です。

それでも標準化が必要な理由

　学びの場を奪い、組織力を低下させることがわかっていても、標準化と
いう魅力を排除することはできません。それは、標準化によって、「品質
向上」と「コスト削減」という相反するメリットを一度に手に入れるこ
とができるからです。通常、品質を上げようと思えばコストは上がります。
品質を上げるには、確認項目を増やしたり、テスト項目を増やさなければ
ならないので、その分のコストが上乗せされるのは当然です。逆に、コス
トを下げようと思うと「十分に検討できていなくても、割りきればいい」
というような調整をする必要があり、品質が低下するのが普通です。そう
考えると、標準化は非常に効率的な動きになります。

　私も一時期、「標準化しつつ、スキルも下がらない、いい方法はないも
のか？」と考えたことがありました。ただ、どう考えてもその両立は実現
できませんでした。少なくとも自分の目の届くメンバーにはスキルを継
承することができますが、自分が作った標準を参考にしながら使うメン
バーは接点が希薄でスキルの継承はできません。さらに、自分もほかの部
署に異動することがあるので、自分がいなくなった後も継続的にスキルを
組織として維持する仕組みが必要です。しかし、それをどんなに考えても
実現するのはかなり難しく、現実的ではないと思うようになりました。仮
に、自分の右腕と思える後輩に託して異動しても、その後輩が次の後輩を
育成できるは限りません。周囲の状況やメンバーの運、不運もあるでしょ
う。そう考えると、標準化は非常にメリットがあるものの、それと引き換
えに組織のスキルが低下することは受け入れなければならないというのが
実態だと思います。

コスト効率と安全性を追求する
標準化の進め方

　標準化にはメリット、デメリットがあることはご理解いただけたと思いますが、メリットのほうがあまりにも大きいので、結果的にほとんどのケースでは標準化の道を選択すると思います。ただ、標準化するといっても、標準化する設定値に正解はなく、その考え方は難しいものになります。ここからは"標準"の考え方について記載していきます。

設計前のポリシー検討が重要

　インフラの設計をしていていると、次のように非常に難しい局面に遭遇することがあります。

- 検討しているパラメータの設定値が複数あり、そのどれもが考え方によって正解である
- システムに自動的に動作を判断させるほうがよりいいか、判断させずに極力動きを人間が制御したほうがいいか、利用シーンやシステムの特性によって正解が変わる
- 実装された最新機能をどこまで使うのか
  （最新機能をどんどん利用したほうが製品の能力を最大限活用できるからいいとするケースと、最新機能にはバグがあるため出てすぐには極力使わないほうがいいとするケースがある）

　このように、システムは考え方によって選択すべきものが変わります。そのため、システムを設計する時にはポリシーを持って設計しなければ

なりません。複数の正解があったとしても、ポリシーに従って、正解を1つに絞り込む必要があります。先ほどの例の場合、「極力カッチリとしたシステムを構築したい」というポリシーを持っているのであれば、自動的に動作を判断させず、人間が制御する方向に振るでしょうし、最新機能のバグを敬遠して「そういうものはしばらく使わない」という設定を選択することになると思います。このように、標準化は自社のシステムに対する考え方を盛り込んで決めていくものであって、設計前のポリシー検討が重要になります。

　なお、ポリシーを決めるには、一番はじめに記載した文化への理解も大切です。適用するポリシーが文化にマッチしていないと、定めた標準への信頼が揺らぐことがあります。設定した人は正解だと思っていた判断が多くの人には正解ではないと感じられては、標準を信じてもらえなくなります。また、もしそういう状況に陥れば、亜流の設定が増えることになり、結果的に会社全体のシステムをコントロールするのが難しくなります。

　仮にポリシーを定めて設計に入ったとして、次に難しいポイントが標準設定の汎用性です。すべてのパラメータをガチガチに決めてしまうと、その設定値は汎用性がなくなる、つまり"標準設定値"にならなくなってしまいます。標準として利用するには、AシステムでもBシステムでもCシステムでも適用できる汎用性が求められます。この汎用性が、標準を決めるときの一番の難しさだと思いますし、高い技術力が求められる部分だと思います。以降では、標準の設定を決めていくプロセスを順を追って説明していきます。

標準を検討するパラメータを洗い出す

　製品にもよりますが、1つのミドルウェアには多いものであればパラメータが数百というオーダーで存在します。基本的にそれらのパラメータにはデフォルト値が設定されていて、多くの場合ベンダーの推奨値になっ

ています。「推奨値だからそのまま使えばいい」かというとそうでもなく、明らかに「まちがったのではないか」と思うものもあります。そのため、標準化を検討する時にはすべてのパラメータを洗い出して、1つ1つ吟味する必要があります。

　パラメータの洗い出しはマニュアルをベースにおこないますが、マニュアルだけでは不足するケースもあります。たとえば Oracle DB であれば、変えても問題ない隠しパラメータと、変えてしまうとサポートを受けられない隠しパラメータが存在します。そもそも隠しパラメータなのでマニュアルには載っていないものが多いのですが、動作を安定させるためのメジャーな隠しパラメータは（変な表現ですが）、サポート情報として公開されています。そのため、標準設定値を決める時には、単にマニュアルを洗い出すだけでなく、ベンダーのサポート情報も見れるものはすべて確認する必要が出てきます。

洗い出したパラメータを選別する

　洗い出したすべてのパラメータは、以下のように分類します。

・デフォルト値のままでいいもの
・明らかに誤りがあるので修正が必要なもの
・考え方やポリシーで変化するため吟味が必要なもの

　まず、デフォルト値についてはその扱いを事前に検討し、「デフォルト値でいい」と判断したのであれば「なぜ、そうなのか」を残す必要があります。デフォルト値の多くのパラメータは迷うことなく正しいと思えるものが多いものですが、いくつかはデフォルトを選んだものの、その理由は残しておかないと将来迷いそうに思えるものもあります。選択可能なパラメータが複数あり、どれも解釈によって正しくなるケースがあるからです。

たとえば、ある処理をおこなう時の動作として、処理するたびに OS 上に専用のプロセスを起動するケースと、すでに起動しているプロセスを共用するケースがあったとします。処理するたびに専用のプロセスを起動すると、時間がかかりますし、処理が追加されるごとにメモリを消費します。ただし、プロセスが起動すれば終了するまで占有できるので、その後の処理は安定します。一方、共有するプロセスの場合、すでに起動しているプロセスを共用するため起動処理は不要で、メモリも節約できます。ただし、そのプロセスに処理が集中すると、共有しているために処理が遅くなってしまう可能性があります。

　このようなケースだと、目的や処理の形態によって、どちらも正しい選択になります。ただ、標準を考えるうえでは、より安全で汎用性のあるものを選択しなければなりません。このケースの場合、専用にプロセスを確保するほうがデフォルトだったとすると、「なぜ共有するほうを選択しなかったのか？」の根拠を記載したほうがいいでしょう。検討する立場や、その人の考え方で、正しいと思うことが変わる可能性があります。

　また、このような設定の場合、時代背景によって正しいパラメータが変わることがあります。たとえば、2000 年頃は今と比べるとメモリが非常に高価でした。そのため、メモリを節約しなければならず、共有するほうが正しかったかもしれません。しかし、20 年近く経過し、メモリが非常に安価になってくると、「多少メモリを消費したとしても、安定した処理を選択するほうが正しい」と考えることもできます。このように、時間の経過とともに選択するパラメータの考え方も変わってくるので、解釈によってどちらも正しいようなケースでは理由を書いておいたほうがいいのです。

◎デフォルトのまま、デフォルトだが根拠必要、修正が必要な
パラメータに分けて管理する

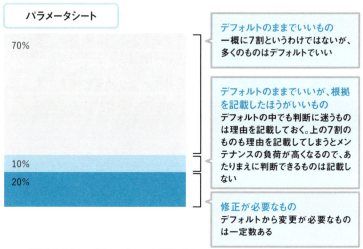

以下のようにパラメータシートを作成し、
メンテナンスできるようにしておく

パラメータ	設定値	根拠
AAA	5(デフォルト)	-
BBB	100(デフォルト)	-
CCC	TRUE(デフォルト)	-
DDD	FALSE(デフォルト)	性能を考えるとTRUEの選択もありえるが、可用性を優先してFALSEとする
EEE	50	システムの利用者数を加味して、X+Y+Z=50とする
FFF	1800	メモリが安価になったため、タイムアウト設定を600秒から1,800秒に変更
GGG	DISABLE(デフォルト)	-
HHH	1(デフォルト)	-
III	FALSE	デフォルトのTRUEはバグ(id:123456)に該当するため、FALSEとする

理想はすべてのパラメータについて設定根拠を明確にしておくことです。とはいえ、パラメータが大量にある場合、すべてにその作業をおこなってしまうと大変ですし、管理コストも増大します。

　少なくとも判断根拠を将来確認するのは自分か、自分の後任の標準化担当者である程度スキルのある人だと想定されます。そのため、手間、つまりコストをかけて情報を残すかどうかは、その時の状況によって判断する必要が出てきます。以下が理由を残すかどうか検討するポイントでしょう。

・デフォルト値で根拠が必要なもの
・修正が必要と判断したもの

　なお、製品のバージョンアップの時に標準設定もバージョンアップする必要があるので、情報が残っていたほうが仕事はしやすくなりますが、「そこもある程度スキルのある人がおこなう」と考えれば、デフォルト値で根拠不要なものは残さなくても問題になることは少ないと思います。

　明らかに誤りであるものについてですが、これは修正してしまえば済む話です。仮にプロプライエタリ製品を選択したとしても、万能ではありませんし、過去のパラメータを引きずっていることもあるので、そういうものは修正してしまいます。修正する場合には、「なぜ修正が必要だったか？」の根拠は残すようにします。

ポリシーを加味して標準値を決める

　すべてのパラメータをチェックし、明らかな誤りと思われるものを取り除いた状態は、じつはミッションクリティカルなシステムの設計値とほぼ同じです。個人的に、ミッションクリティカルなシステムの設計と、標準を決める場合では、ミッションクリティカルなシステムを設計するほうが楽だと感じています。ミッションクリティカルなシステムの設計は目的が

はっきりしているのでパラメータの決定に迷うことはないのですが、標準化する場合には汎用的に通用するものを選択しなければならないので、いろいろな利用シーンを考えて安全なものを選択する必要があり、難易度はかなり高くなるためです。

　たとえば、「ミッションクリティカルなシステムではある設定値を固定値で設定するが、標準設定値の場合は複数のパラメータから導出できる設定値にする」ことがよくあります。たとえばメモリサイズを決めるときに、ミッションクリティカルなシステムの設計時は利用するハードやCPUも決まっているので、最適な設定は一意に決められます。しかし、標準設定値の場合は、さまざまなハードで安全に動作しなければならないので、いくつかの設定値を参考に自動算出されるようにしなければならないこともあります。

　さらに、コストを重視する設定を検討しようとすると難易度が上がります。基本的に、コスト効率のいい設定とは「ハードウェアリソースの利用率が高い設定」のことです。たとえば、CPU使用率が10％よりも60％のほうが、サーバーの能力を効率よく使っていることになります。しかし、逆の見方をすると、90％あった余裕が40％に下がることになります。つまり、コスト効率性と安全性はトレードオフになるケースが多くなります。

　このように、リソース効率を上げるような標準設定値の決定には、経験と、「どれだけシステムの動きを読み切れるか」が重要になってきます。そのため、私が考える設計の難易度は以下の順序になります。

　ミッションクリティカル　＜　標準化　＜　コスト効率のいい標準化

　このようなことから、標準化は、ミッションクリティカルなシステムを経験し、さらに広い視野でコストも含めて考えられる人が担当すべきです。ミッションクリティカルなシステムを担当したほうが好ましいのは、パラメータや設定に対してシビアだからです。標準化は、ミッションクリティカルなシステム以上に厳しい目線で確認しながら汎化していく必要があり

ます。

「標準という設計」を提供するのではなく、「標準設定された環境」を提供する

　私は以前標準化した設計を社内に展開する仕事をしていましたが、それと同時に、多くのシステムをレビューしていました。標準がしっかりと反映されているかを確認しつつ、そのシステムに適合するチューニングがされている場合、それらの評価もしていました。しかし、徐々にその作業も膨大になり、限界を迎えたときに、方法を変えました。それは、「標準という設計」を提供するのではなく、「標準設定された環境」を提供する方法です。ほかの人によって作られた標準をチェックしていくというよりも、標準で構築した環境を提供してしまおうというアプローチです。

　当時は仮想化の黎明期で、ベアメタル中心でした。ベアメタルの場合は毎回構築しなければならない状況でしたが、仮想化によって構築方法が合理的になり、一度設定した標準セットのコピー（OS のイメージをコピー）が可能になりました。今の仮想化環境・パブリッククラウドであればあたりまえのことですが、当時は画期的で、多くの作業の短縮が可能になりました。

保守の担当をだれが担うか

　このような運用を検討した場合に注意すべきは、保守の担当をだれが担うかです。方法は、次の 2 つあります。

標準環境を提供する側が保守を担当する
　提供する側が保守を担当する場合は、より厳密に環境を管理して、各シ

ステム担当に環境を極力触らせない形になります。管理は厳密になりますが、環境を提供する側の負荷は高くなります。標準を考えて、提供し、日々発生するトラブルへの対応もおこないます。システムによっては 24 時間対応が必要なものもあるので、それなりの規模の組織が必要になります。

欠点としては、標準環境を提供する側が各システムの運用や事情を把握できないことです。そのため、復旧の手順や合意形成が複雑になります。そのレベルまで復旧してから、各システム担当に連携するかの整理が必要になります。

標準環境を利用する側が保守を担当する

標準環境を利用する各システムの担当が保守をおこなう場合、保守の対応時の役割分担は明確になり、運用上、提供する側が保守を担当するよりもシンプルです。大きな欠点はないですが、しいていえば、各システム担当が提供する環境をそれなりに理解する必要がある点です。システムを保守するので理解しておく必要はあると思いますが、人によっては環境を提供されるのに理解しなければならないことに違和感を感じる人もいるようです。「自分のシステムをどこまで責任をもって保守していくか？」の考え方の差によるものだと思います。

なお、標準設計を提供するスタイルから標準環境を提供するスタイルに変更すると、インフラエンジニアから設計のみならず構築の機会も奪うことになります。そのため、ここ 10 年くらいで急激にインフラエンジニアの学びの場は減っていきましたが、これも先に述べたコスト効率の観点から抗えないことだと感じています。実際に OS にログインしてコマンドをたたくのは非常に重要なのですが、それができないと机上でしか学べなくなるので、理解が浅くなってしまいます。そうならないように、自分で機会を見つけて環境を構築する経験を積むことが重要です。

第7章

運用・保守の
効率化を考える

増えていくシステム、減らしにくいランニングコスト

ユーザー企業のシステムは増加する

　PPM（プロダクト・ポートフォリオ・マネジメント）という有名なフレームワークがあります。情報処理試験でも出題されるのでご存知の方も多いと思いますが、市場成長率とシェアによって分類するものです。企業の中にはさまざまな活動があり、どの位置づけになっているかはその時の状況によって異なりますが、特に成長が見込める分野、PPMであれば花形（Star）にある事業であれば、積極的に投資をおこない、利潤を追求するでしょう。投資する場合、最近の企業活動では多かれ少なかれほとんどのものがシステムに影響します。現在、何か企業活動をしようと思った時に、すべて紙とハンコで済む世界はほとんどなくなったと思うので、システムが関連してくる流れは必然です。

　そのため、企業が何か活動をしようと思うと、その投資の一部はシステムに充てられます。そう考えると、システムは絶えず変化することになりますし、システムの数は増加の一途をたどることになります。もちろん、撤退する事業や事業統合することもあり、その時にはシステムの数は減ると思いますが、やはりそれは一時的で、利益を得ている企業であれば投資は発生するので増加し続けるものだと理解したほうが自然です。

インフラのランニングコストは後から変えられない

　システムが増加すると問題になるのが、ランニングコストです。非常に

シンプルに考えると、システム構築時にかかるコストは投資、構築したシステムを運用するタイミングでかかるコストは経費に分けられます。経費のこと指してランニングコストと言ったりすることもありますが、投資は開発期間が終了するとキャッシュアウトはなくなるのに対し、経費はシステムを維持する限りかかります。そのため、システムが増えれば増えるほど、ランニングコストは累積します。

　ランニングコストが増えるということは、経営的観点から考えると経費率が上がってしまうことになるので、あまり好ましいことではありません。利益を得るには経費が低いほうがいいですし、上場企業であれば投資家がチェックする項目にもなるからです。インフラの場合、ランニングコストのうち製品の保守費が一定の割合あるため、削減は難しくなります。保守契約期間中に内容を変更することは原則的にできません。

　保守契約は年間契約が多いので、年次更新で解除することはできます。しかし、ハードウェアの保守契約を解除してしまうと交換部品の供給を得られなくなり、ソフトウェアの場合はサポートを受けられなくなります。そのため、契約を解除する場合には、万が一トラブルが発生しても対応が取れることを確認しておく必要があります。

　なお、この保守に関する考え方は、業界によっても大きく変わってくると思います。私はこれまで製品の保守契約を止めたシステムはほとんどありません。一部おこなったことはありますが、それは故障しても十分に対応できる部品があったケースです。金融業界のシステムでは保守契約を結ぶのが一般的であり、結んだ契約に対してのコストは削減が困難になります。しかし、ほかの業界では、システムにもよりますが保守契約を結ばないこともあり、考え方・文化によって大きく変化します。

　製品保守、つまりモノのランニングコストを下げるのは難しいために、ヒトのコストのほうの削減を検討する必要が出てきます。検討しなければ、経費が累積して積み上がってしまうからです。

保守作業を
合理化するための考え方

運用と保守の違いとは

　運用フェーズの工数の話に入る前に、運用と保守の違いについて整理しておきましょう。

運用

　運用は、文字どおりシステムを運行させることです。オンライン、バッチ処理を問題なく実行し、メンテナンス時間の定期ジョブも実行します。基本的にジョブは自動化すると思いますが、関連作業や業務的なイベントなどによりジョブの実行時間をずらしたり、実行そのものを中止することもあります。それらのコントロールをおこないます。

　また、トラブルが発生した時には、手順どおりに復旧作業もおこないます。会社の規模にもよると思いますが、運用を完全に分離して、運用部門を組織し、さまざまな運用上のタスクに対応するためのオペレーターを確保して、24時間365日サポートをします。

　なお、運用部門が対応可能なのは、手順化されたものまでです。定められたもの以外の対応をおこなってしまうと、システムに対して変更を加えることになるので、その作業は分離します。そのため、運用部門に作業を引き継ぐのであれば、対応可能なように、資料や手順書にしておく必要があります。

保守

　対して、保守はシステムに対して変更を加えるものをいいます。かん

たんなシステムの改善やパッチの適用、トラブル時の本格的な対応も、保守のほうに含まれます。また、サーバーの部品交換も保守に分類されます。大幅にシステムに改善を加える時や、機能を追加する場合には、保守の対応範囲を超えて、システム案件化します（つまり、経費で対応せず、投資案件になります）。

保守に関しては、定義が曖昧な企業も多いと思います。保守専門の組織がある会社もあれば、保守のタスクを開発部門が担っているケースもあると思います。用語として「運用保守」と一語にしてしまい、ごちゃまぜな状態で明確に定義していないケースもあるでしょう。

保守作業は、運用部門が担うケースと、開発部門が担うケースが考えられます。想定される組織形態としては、以下になります。

◎開発部門が保守を担う場合、運用部門が保守を担う場合

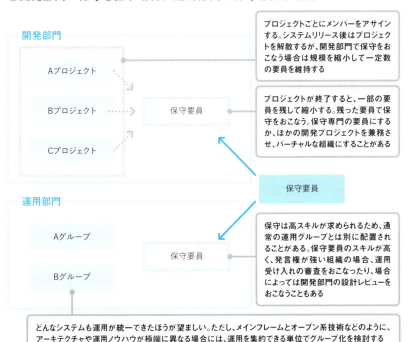

第7章　運用・保守の効率化を考える　　167

運用部門が保守作業をおこなう場合には、純粋な運用作業をおこなうメンバーと、保守作業をおこなうメンバーを分けます。前者はオペレーターと呼ばれるメンバーが対応し、後者が保守対応のためのメンバーになります。運用側に保守要員を抱える理由としては、運用中に問題が発生した時に保守メンバーが身近にいることによって対応の迅速性が期待できることになるでしょう。

　一方、開発側に保守要員を配置する場合は、運用の明確な分離になります。システムを運用する役割と、システムを変更する役割を組織単位で分割することになります。

　いずれの部門が担っていたとしても、保守という仕事は必要です。保守の仕事は比較的軽視されがちなのですが、仕事の内容としては非常に高度なスキルが要求されます。特に高度なスキルが必要なタスクは以下になります。

・運用手順どおりに対応しても復旧できないトラブルの対応
・原因不明のバグの対応
・セキュリティ上問題が発生した時の対応
・システムへのパッチ適用

　さらに話を難しくさせるのは、非常に高度なスキルを要求していながら、対応力も求められるところです。問題発生時はシステム的にはクリティカルなものが多いため、夜間対応が必要な場合もあり、非常にタフな対応が求められます。

　一般的に、運用部門のメンバーのスキルは高くありません。これは仕方のない部分ではあるのですが、24 時間 365 日体制を必要とするので、高度なスキルを持った単価の高い要員を配置してしまうと非常にコストが高額になるためです。そのため、基本的には手順書を整備しておいて、その手順に従った作業のみをおこないます。システム的なスキルよりも、定められたことを確実に遂行できるスキルが重視されます。一方、保守に関し

ては、すでに記載したような高度なスキルが求められます。

保守作業を開発部門が担うべき4つの理由

　私は、以下の理由で、保守作業は開発部門が担うべきだと考えています。

・開発したメンバーが保守をおこなえば、システムの内容を理解していて
　合理的
・開発部門のほうがスキルがある
・工数を確保しやすい
・責任分界点がはっきりする

開発したメンバーが保守をおこなえば、
システムの内容を理解していて合理的

　システムの理解力が一番つくのは、システムを設計した時になります。設計する時にはいろいろと調査しますし、いくつかの案を検討してその中から最も有力な案を採用するので、多くの製品知識やノウハウが蓄積されるからです。

　それらのノウハウはいろいろな資料に残しますが、一般的に設計書には検討の結果のみを残します。検討のための案の比較情報も残しますが、それは設計するための検討資料なので、継続的にメンテナンスする設計書には含まれません。つまり、ノウハウのすべてが設計書に残っていないということになります。

◎設計書には過程の検討資料の内容が含まれない

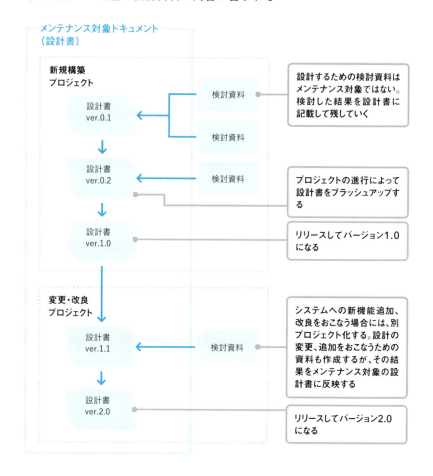

　さまざまなノウハウを蓄積し、開発してきたメンバーからそのシステムの保守を別のメンバーに移管しようと思うと難しくなります。設計書を成果物として引き継ぐことはできますが、設計書に記載されていないものをすべて引き継ぐのは現実的に不可能です。設計書を膨大なものにしてくわしく記載してしまうと、ドキュメントのメンテナンスコストがかかるだけでなく、修正しきれずにドキュメントの品質が下がることにもなります。

そのため、設計書はある程度スキルのある人が読めばすぐにわかる前提で、必要最低限の内容にすべきです。たまに見かけますが、教科書のように丁寧に記載しているものは、一見するといいものに感じますが、数年経つと廃れてしまうことが多いのが現実です。

また、システムはほぼ毎回がカスタムメイドです。共通化できる部分は標準などを用いて合わせていきますが、すべて同じシステムはありません。そのため、システム固有の考慮事項や癖などもあります。それらも同様に設計書に記載していくのですが、これもまたすべて記載しきるのは難しくなります。

運用部門に保守担当メンバーを配置した場合、保守メンバーにスキルのある人材がそろっていて、設計書から読み解いてシステムの対応ができる状況ならば、対応できる余地が多いかもしれません。しかし、それでも不足する部分が出てしまうことがあります。それらの引き継ぎに労力を割くのは、コストの観点からも無駄になってしまいます。ここまで解説したように、システムの内容を理解するには、ドキュメントだけではない部分がどうしても存在し、その引き継ぎは難しいものだからです。結果、「システムを理解する」という面においては、運用部門よりも、設計・構築した開発部門がそのまま保守するほうが合理的になります。

開発部門のほうがスキルがある

異動や組織の改編などで担当が変わることはあると思いますが、開発をおこなっていなかったメンバーが開発部門に異動すると、かなり苦労することになります。特に、運用部門から開発部門に異動すると大変だと思います。すでに記載したように、システムの設計・構築の過程でおこなう作業はそれだけノウハウを必要としていて、学びの場があることになりますが、運用部門だとその機会を得るのが難しくなるからです。「運用部門ではスキルを身につけられない」とまではいえませんが、基本的には決まったことを正確に遂行することが求められるので、技術的な興味を持って工夫して手順を変更することはできません。そのため、どうしても開発部門

に所属し、設計をする機会があるほうがスキルは身につけやすくなります。

　保守という作業に着目すると、非常に高度なスキルが要求されることはあるものの、稀です。基本的には設計を伴わないので学びの場を得るのは難しく、保守作業単体で考えるとそのスキルを習得するのは難しくなります。つまり、普段はそれほど難しくない作業をしていて、学びの場があまりないにもかかわらず、トラブル発生時などには急に難易度の高い作業をおこなわなければならなくなるのです。保守の作業には、このように要求されるスキルの差が激しい特徴があります。

　なお、経験者はわかると思いますが、トラブルは学びの場としては非常に有用です。今までよりも真剣に一歩踏み込んで考えなければならないからです。しかし、それだけをおこなっていると、よくトラブルが発生している部分にはくわしくなりますが、システム全体を体系的に学ぶ機会は失われます。そのため、保守をおこなっていて仮にトラブルでスキルを身につけたとしても、その知識は局所的になることがあります。

　結果、スキルの観点からも、やはり開発をおこなったメンバーがそのまま保守をおこなったほうがいいことになります。設計の機会を得て幅広く知識を習得し、運用フェーズに入ったら運用自体はオペレーターに依頼し、必要に応じて保守作業をおこなうほうが効率的だと考えられます。

　なお、個人的には、設計のスキルがあるメンバーも運用を理解することは極めて重要だと考えます。運用には運用の難しさがあり、たいして運用を考慮せずシステム構築するケースが多いからです。運用担当者は、エラーメッセージ1つにも手を抜かず誠実な対応をしていて、それ相応の負荷がかかっていますが、設計だけしている要員はそのことに気づいていない人がかなり多いと思います。仮にsyslogにエラーメッセージを出してしまっても、「実際にはシステムの稼働に影響がないものであれば、どうでもいいや」と思っている人はいないでしょうか？　運用担当者にとってはエラーメッセージの1つに重いも軽いもなく、真剣に対応してくれていることを忘れてはなりません。

工数を確保しやすい

　繰り返しになりますが、保守には高度なスキルを必要とするため、スキルのあるエンジニアの確保が必要になります。必然的に単価は高くなるので、それ相応の予算が必要になります。しかし、それらのスキルの保有者は、トラブルなどの有事の際にこそ活躍します。保守全体で考えると、毎日トラブルが起きるわけではないので、常にスキルを発揮しているとはいえない状況になります。とはいえ、何かあった時には対応しなければならないとなると、その時に対応できるメンバーは抱えておく必要があります。

　仮に、保守専門の高度なスキルを発揮している時間が20％だったとすると、残りの80％はスキルに見合うタスクを見つけなければなりません。運用部門はシステム担当者の中でもコストセンターの色合いがかなり強いので、基本的にそこにコストをかけるということはダイレクトに経費の増大に関係してしまいます。極力合理化し、単価も平準化したくなるので、そういう意味でも運用部門に保守担当者を配置するとコストに見合わなくなります。

　逆に、開発期間はどうでしょうか？　プロジェクトを発足し、チームを組成する時に全員がハイスキルメンバーを集められるということは事実上ありません。実態としてエース級のメンバーが1人か2人いて、そのほかのメンバーを指揮すると思います。つまり、メンバー間にスキルのバラツキがあるのが開発部門の特徴にもなります。もちろん、スキルが高いメンバーも一部ですが抱えられるので、そういうメンバーがいる前提であれば難しい問題も解決できるかもしれません。トラブル対応時も必ず現場に駆けつけられる保証はないと思いますが、そのシステムの担当者であれば助力を求めることが可能になります。

　そう考えた時に、運用タスクと開発タスクのどちらが適合するかと考えると、開発タスクのほうがよりいいと考えられるのは自明ではないでしょうか。

責任分界点がはっきりする

　先に、保守の定義は「システムに対して変更を加えるもの」と記載しました。つまり、開発者が設計し、設定したものに対して、誤りであった場合はその部分に対して変更を加えることになります。自分で設計したものに誤りがあった場合、後から変更するのは納得できるものですし、その変更によってシステムのバランスが変わっても自分で考えて確認すればいいことになります。対して、保守のタスクを別のメンバーがおこなおうとすると、システムの全体設計は開発者がおこない、修正部分を保守者がおこなうという状況になり、システム全体の保証を後からだれが負うかが曖昧になります。

◎**システム設計者は全体がわかるが、保守担当者は変更部分しかわからない**

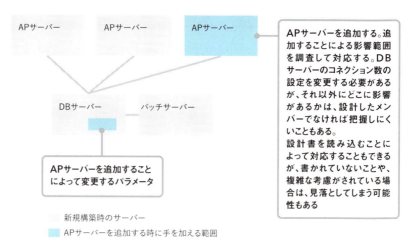

開発者からすれば、自らに誤りがあったとはいえ、後から他人に変更された部分を含めて責任を負うのは難しいでしょう。保守者からすると、「一部の確認はしたものの、自分で設計していないすべての責任を負うのは現実的ではない」と思うでしょう。そのため、責任の所在の観点からも、開発者と保守者は同一人物であるほうが望ましいことになります。

　もちろん、組織には異動もあるので、ずっと同じ人が担当することはできません。しかし、少なくとも同じチーム・組織が担当し続けたほうが、責任分界点の問題からしても、うまく機能すると思われます。

　これまでの整理で、いずれの観点においても、保守は開発部門が担ったほうが合理的だと思います。プロジェクトの形態によっては、開発時はいろいろな人が集められ、終了（リリース）とともに散会することもあると思います。ただ、散会して人がいなくなってしまっては現実的に保守することは不可能です。また、開発部門が保守するのであれば、開発したメンバーが組織には残っているでしょう。つまり、自分が保守することまで考えてシステムを構築すれば、その場限りのような設計もしなくなるでしょうし、出力されるエラーメッセージもしっかり確認するようになります。

　もちろん、保守というタスクには、トラブルに駆り出されるものもあります。それらはモチベーション維持・体調管理が難しくなるものですが、もしそれが自分で作ったものであれば、自分で責任を取らなければならないですし、真剣に取り組むと思います。

　システムは増加し続ける現実があるので、人が増えなければ1人あたりの対応システム数は増え続けることになります。コストを下げることが求められる状況において、人が増えることはないので、そのまま放置すると、人は増えずに仕事（特に障害対応）が増えるデスマーチ状態になってしまいます。そういう状況になる可能性がある前提で考えると、保守のタスクが運用部門にあると組織の運営がかなり難しくなるのは容易に想像できると思います。

第7章　運用・保守の効率化を考える　　175

工数の管理には注意が必要

　あくまでも組織運営上において「開発と保守を兼務したほうがやりやすい」と記載しましたが、工数の管理には注意が必要です。兼務することで、開発と保守の工数が曖昧になりやすいので、対応工数は明確にしておく必要があります。

　たとえば、5人で対応するチームで、AからFまでの6つのシステムを担当するとしましょう。AからEまでのシステムが運用フェーズに入っていて、Fシステムが開発中だとします。そうすると、5人のタスク配分は次ページの図のようになります。

　数字上は工数の配分が可能ではあるのですが、その配分どおりに正確に仕事をすることは不可能です。毎日A、B、C……と順番に朝から時間を決めて対応できればいいですが、通常割り込みタスクも入りますし、順番におこなうのではなく優先順位が高いタスクからおこないます。そのため、確保した工数のとおりに正確に作業時間を積み上げることはできません。一方で、ランニングコスト削減のため保守工数削減の圧力が強くなると、保守の工数を確保しにくい状況になり、それを開発の工数を補おうとする動きになってしまいます。つまり、それはシステム開発のコストが見かけ上、上昇することになります。また、開発のコストが増えるということは資産計上にも影響するので、税務的にも問題が出てきます。具体的な中身を考えずに、金額だけで保守コストを削減してしまうとそういう影響も懸念されるので、注意が必要です。

◎ 6 つのシステムに 5 人で対応する場合のタスク配分

A システム

イチロー（リーダー）

	実際の活動時間	取得工数の配分
Aシステム	10%	5%
Bシステム	10%	10%
Cシステム	5%	5%
Dシステム	10%	5%
Eシステム	15%	5%
Fシステム	50%	70%

B システム

ジロー

	実際の活動時間	取得工数の配分
Aシステム	15%	10%
Bシステム	20%	15%
Fシステム	65%	75%

C システム

サブロー

	実際の活動時間	取得工数の配分
Aシステム	10%	5%
Cシステム	20%	15%
Fシステム	70%	80%

D システム

シロー

	実際の活動時間	取得工数の配分
Bシステム	10%	5%
Dシステム	15%	10%
Fシステム	75%	85%

E システム

ゴロー

	実際の活動時間	取得工数の配分
Dシステム	10%	5%
Eシステム	10%	10%
Fシステム	80%	85%

F システム

（構築中）

会社の状況により、経費削減が求められる場合（リリース後のシステムのランニングコストを抑えたいケース）には、必要な工数が投資側で確保される可能性があるので注意が必要。
逆に、投資削減が求められる場合は、ランニングコストのほうが増える可能性もある。
いずれにせよ、複数の仕事を担当している場合、1人の人間の時間配分を厳密にコストに反映するのは困難だが、大きく乖離しすぎないようにコントロールする必要がある。

第 7 章　運用・保守の効率化を考える　　177

運用フェーズの
コスト削減のポイント

　実際に保守の工数を削減しようと思った場合に対応できることには限りがありますが、どういうポイントに注意すべきかを記載していきます。

障害対応以外についてコスト削減の可能性を考えていく

　保守を考えるうえでのポイントは、「雑多な作業が盛り込まれることが多い」という点です。コストは、現場で発生する諸問題を吸収する緩衝材になっていることが多くあります。そのため、削減しようと思うと減らせる可能性はあるのですが、細かく対応できていた内容を継続するのが難しくなります。以下、代表的な保守作業を記載します（はじめの4つは「運用と保守の違いとは」の項で既出）。

・運用手順では復旧できないトラブル対応
・原因不明のバグ対応
・セキュリティ上問題が発生した時の対応
・システムへのパッチ適用
・ハードウェア障害対応
・ネットワーク障害対応
・データ論理破損の対応
・通常運用外のシステム停止、リブート
・通常運用外のバックアップ
・システム連携の障害対応、つなぎ変え
・開発環境の組み換え、メンテナンス

・ベンダー、社内の保守情報の横展開

・細かな問い合わせ対応

　基本的に、障害対応の削減は困難です。かんたんに記載すると、運用手順としてまとめられたもので対応できない部分が保守になりますが、手順化できないということは、想定することが困難だった障害になります。それらの障害はさまざまなケースで発生しますし、実際には障害対応中は多少コストがかかっても復旧を優先するので、事実上削減はできません。そのため、障害対応以外についてコスト削減の可能性を考えていきます。

通常運用外の個別対応が多ければ、運用として引き継ぐ

　まず、これらの中でも比較的対応が多いのが、通常運用外の個別対応です。たとえば、アプリケーションのリリース、大規模メンテナンスで、システム停止やバックアップの対応を個別におこなうことがあります。いつも実行している週末のメンテナンスジョブやバックアップジョブを保留して実行時間をずらしたり、実行そのものを中止したりします。災対環境がある場合は、より対応が複雑になることもあります。

　保守対応として、実際に保守要員が立ち合い、ターミナルからコマンド発行することもあると思いますが、そういった作業の回数が多ければメンテナンスジョブを組んでしまい、運用として引き継ぐことも考えられます。引き継いだ場合、作業自体は保守要員から運用要員に移りますが、ジョブ化することで、作業の合理化と作業ミスを減らす安定化が可能になります。

第 7 章　運用・保守の効率化を考える　　179

連携先システムに変更作業がある場合は、
システム連携を停止する

　続いて、システムにもよりますが比較的発生するものとして、システム連携に関する対応があります。システム連携をする場合、自分のシステムが連携元、連携先のどちらにもなりえると思いますが、必ず相手がいることになります。相手側で障害が発生した時には自動リトライを入れることもある程度考えられますが、ずっとリトライし続けるのはシステム的に問題になる可能性があります。少なくともリトライしている時は想定の範囲内になるので問題ない動作になりますが、ずっとリトライしていることは連携できていないことを意味するので、いつかは気づかなければなりません。そうなると、一定回数で止めたり、アラートで検知する必要が出てきます。

　運用していると、連携する相手のシステムの変更作業などで連携できなくなることはよくあります。そういう時には、安全な状態でシステム間連携を止めておく必要があります。システム連携は「送ったか、送っていないか」のどちらかだと対応はしやすいですが、送り途中で止まってしまった時が難しくなります。RDBMSのようにロールバックできればいいですが、中途半端な連携データを受け取ってそのデータで処理を開始してしまうと、リカバリにも手間がかかるからです。もし、停止せずに自動リトライの機能に頼ってしまうと、そのまま不完全な状態処理が継続され、リカバリに膨大な手間がかかることがあります。また、リカバリをおこなうにしても、システム連携の場合、相手は違う部門やほかの会社であることが多いので、コミュニケーション的な負荷もあります。そのため、相手の状況によって連携を停止してしまうほうが、トータルのコストが下がり、安全になります。

開発環境に変更を加えることが多い場合は、メンテナンス枠を決めてしまう

　開発環境に関しては、プロジェクトの状況にもよると思います。大規模な開発プロジェクトがあって、その中で開発環境を組み替える必要があるのであれば、それは開発プロジェクト（投資案件）の中でおこなうべきでしょう。しかし、ちょっとしたパラメータの変更対応だったり、アプリ開発者が環境を壊してしまったり、想定できないことが発生するのが開発環境です。そういったものをある程度維持するには、やはり保守作業としておこなう部分が出てきます。ケースバイケースなので一概にはいえませんが、対応の回数や手間がかかることが多いのであれば、その時にはコスト削減の可能性を考える必要が出てきます。

　具体的には、メンテナンス枠を決めてしまうのがいいでしょう。「毎週水曜日の午前中はインフラで占有する」などです。保守フェーズになると、インフラでの作業はほとんどないので、1週間のうちに数時間あればいいことがほとんどです。

　なお、毎週作業することもないと思うので、実際に作業がなければその時間はアプリケーション開発者に開放し、そのまま使ってもらえばいいと思います。

バグ対応やパッチ適用の情報はくわしい人に集約し、半年に一度まとめて適用する

　最後に、対応工数がかかるものとして、ベンダーから出てくるサポート情報や、自社のほかのシステムのトラブル情報の確認があります。ベンダーから出てくるサポート情報は、製品にもよりますが、月次だったり四半期だったり、不定期だったりします。それらはたいていバグの情報になりま

第7章　運用・保守の効率化を考える　　181

すが、大きく以下に分類されます。

・問題の重要度が高く、即時対応が必要なもの
・アプリケーションの実装によって発生する可能性があるもの
・重要度は低く、必ずしも対応を必要としないもの（対応したほうが性能
　がよくなるケースなど）
・セキュリティ面で対応すべきもの
・ドキュメントの訂正

　これらの情報を精査するにあたっては、製品に対して深い知識を求めら
れることが多いので、すべてのシステム担当者でバラバラにおこなうと非
効率になります。標準を提供している部門があれば、そのような部門に情
報を集約して整理するほうが、判断も正確になりますし、効率的です。ま
た、標準に問題があれば、すぐに修正することもできます。
　また、パソコンの Windows アップデートのように「とりあえずパッチ
を適用してしまう」というポリシーにすれば保守は楽になりますが、実際
にはそのままパッチ適用したら問題になることがあります。そのため、重
要なシステムに関しては、必ずテスト環境でパッチ適用後の動作を確認し
てから、本番環境に適用する必要が出てきます。ただ、情報が出てくる都
度それをおこなうと負荷にもなるので、上記の即時対応が必要なもの以外
は半年ごとなどのタイミングでまとめておこなったほうが作業や確認のコ
ストを削減できます。

開発・運用の分離と
DevOps

なぜ、開発と運用が分離されるようになったか

　私が新人の頃は、開発している端末から本番環境にかんたんにアクセスできました。しかし、徐々にそのようなことはなくなっていき、本番環境は分離され、開発者と運用者も分離されていきました。

　開発と運用を分離するのはなぜでしょうか？　そのような流れのきっかけになったのは、内部統制に起因します。2001 年に、米国でエンロンが不正会計で破綻します。さらに、2002 年にワールドコムが同様に破綻します。これらの事件をきっかけに、投資家保護を目的に、財務報告プロセスの規制強化のために SOX 法（サーベンス・オクスリー法）が制定され、その波はシステムの世界にも入ってきました。社内のシステムには、資産計上の基になるものや、売上など企業の会計に影響を与えるデータが多くありますが、不正会計につながらないように、それらのデータを厳格に管理することが求められるようになったのです。特に、会計の元データを保存するデータベースに対してかんたんにアクセスできるようでは問題です。

　こういった背景があり、日本でも 2006 年に J-SOX 法（金融商品取引法）が制定されます。J-SOX 法では、財務報告をするにあたり、内部統制の評価とその報告が義務づけられました。内部統制には、以下の 4 つの目的があります。

・業務の有効性および効率性
・財務報告の信頼性
・法令の遵守

第 7 章　運用・保守の効率化を考える　　183

・資産の保全

　さらに、目的を達成するために、6つの基本的要素が定義されています。

①統制環境
②リスクの評価と対応
③統制活動
④情報と伝達
⑤モニタリング（監視）
⑥ITへの対応

　システムに関連するのは、6つめのITへの対応になります。目的が財務報告の健全性なので、そのデータの保護が重要になります。つまり、データの改ざんがおこなえないようにする必要があり、その元データの更新にも履歴が必要になりました。
　なお、内部統制が求められるのは、おもに上場企業です。ただ、上場している大手企業が内部統制を求められるとなると、そのシステムの対応が一般化され、多くの会社で開発と運用が分離されるようになり、その文化が一般的なものになりました。日本のシステム開発がSIerに依存していることもあり、そういう文化が広まりやすい構造の一因になっていると思います。そして、それがいつしかシステム開発の常識となりました。

開発・運用の分離とDevOpsを 無理に融合させようとする議論には意味がない

　開発と運用の分離の流れは、作業者からすると負担になるものです。たしかに、作業者からすると、開発している環境から本番環境にアクセスできるほうが圧倒的に楽です。また、楽であるだけでなく、うまく整備する

ことで、ビジネスの変化にもスピード感を持って対応できます。

　そういう背景からアジャイル開発が提唱されるようになると、DevOps という言葉が生まれてきました。DevOps は、開発と運用が分離され、システム開発に機動力がなくなってしまった現状に一石を投じるアプローチです。おもな目的としては、以下のようなものがあります。

・システムのリリースまでの期間を短縮
・ビジネス要求との乖離を少なくする
・開発がまちがっていた場合（適用したサービスとニーズに差がある場合）にはその修正を短期間で実施

　かんたんにまとめれば、ビジネスニーズへスピード感のある対応をし、改善を積み重ねることで品質を確保し、高い顧客満足度を目指します。なお、本書では深く記載しませんが、DevOps はツールを利用して達成できるものではなく、文化の変化が重要になります。いろいろな人が、開発・運用の分離と DevOps について、意見を述べられています。「融合できる」という人もいれば、「難しい」という人もいます。ただ、この問題はどちらかが答えであるというものではないと私は考えています。結局、話の根っこの部分がまったく違うので、融合できるシステムもあれば、できないシステムもあるのが実態だと思います。少なくとも、上場企業がビジネス活動をしていくためには、SOX 法の遵守が絶対条件です。つまり、不正会計が入る余地がない仕組みにする必要があります。そのため、そういうシステムに関しては DevOps を適用するのは難しいでしょう。もちろん、システム的に監査とロギングを導入することで融合できる可能性はありますが、DevOps の考え方と、性悪説をベースにする不正会計対応の SOX 法とは相性が悪いと思います。無理に融合しようとすると、かえって効率が悪くなってしまいます。それだけ、SOX 法の管理は厳格です。

　さらに残念なことに、2017 年にも東芝が不正会計問題で揺れています。J-SOX 適用後にも、不正会計に関する事件は発生しています。仮にそれ

らの不正がシステムに起因するものでなかったとしても、不正が発生するたびに仕組みが見直され、システムに対しての要件も厳しくなっていきます。

　一方で、そのような企業の会計に直結しないシステムはたくさんあります。特に Web 系のシステムで、ベータ版として世に送り出されて、多くの人が便利に使っているサービスもあります。そのようなシステムでは、スピーディな開発と改善が必須です。さらに、ベータ版のシステムにはお金の情報が関係することは少ない（決済の仕組みを持たない）と思います。お金の情報を扱うには完全性が求められますし、しっかりとしたものでなければだれも使おうとも思いません。つまり、ベータ版として提供されるようなシステムは、会計に対して影響するものが少ないので、厳しい内部統制を適用する必要がないのです。

　ここまでの内容でおわかりいただけたと思いますが、開発・運用を分離するシステムと、DevOps を適用するシステムは、求められる要件とその背景がまったく違います。そのため、無理に融合しようとする議論自体に意味がないと思います。もちろん、DevOps で使われる CI ／ CD（継続的イテレーション／継続的デリバリー）の考え方など、部分的に開発・運用が分離された世界に適用できるものもあり、そういう意味での部分的融合やノウハウの活用はありえます。しかし、文化を含めたトータルでの融合は考えないほうがよく、適材適所で使い分けるのが、コストの観点から考えても合理性があると私は考えています。

コラム：インフラとアプリの保守の違い

ひと言で「保守」といっても、インフラとアプリでは性質が変わってきます。アプリ開発の場合、特にスクラッチ開発しているシステムでは、保守中にバグが見つかると、瑕疵かどうかでもめることがあると思います。しかし、インフラの場合は、すでに説明したように製品を組み合わせて構築するため、構築しているメンバーにはそのような責任が発生しにくいことになります。第3章で記載した準委任契約が中心であることも影響していると思います。

むしろ、インフラの場合はトラブルの対処がアプリケーションよりも難しく、かつ影響が広範囲でシステム全体に及びがちです。さらに、原因が製品バグであることも多く、自分でロジックを追って解決できないことが多いです。そういう意味では、原因を特定できなくても、推察でシステムを復旧していかなければならないハイスキルが求められる特徴があります。

第 8 章

教育コストと
体制維持コストの
負担

エンジニアが成長するための
4つの基本

　どんな仕事でも、能力の高い人が多ければパフォーマンスがよくなります。ただ、現実問題として、オールスターズのようなハイスキルな人だけを集めて組織を組成することはできません。そのため、組織のパフォーマンスを上げるには、今いるメンバーのスキルアップが不可欠です。効率よくメンバーのスキルアップを果たすことができれば、結果的に仕事の効率はよくなり、最終的にはコストの削減につながります。一見すると教育にかけるコストはその回収が見えにくいので効果測定が難しいですが、地道に育成した組織は本気のコスト削減ができるのです。

自走できない8割のメンバーをどう育てるか

　私は過去にいろいろな勉強会を実施したり、自分のチームのメンバーの育成をいろいろと実践してきました。スパルタ教育的に集中的に厳しく教えたこともありますし、自主性に任せてみたこともあります。しかし、いろいろ試しても「これがベストだ」という結論はなく、「私に与えられた時間でできることをやるのがベストなのではないか」と思っています。時間が十分にあれば集中的に教えていくこともできますが、時間がないと自主性を重視せざるをえないのです。

　パレートの法則ではありませんが、およそ1〜2割の人は自分から学んでいくので、機会を与えて、少し背中を押すだけで十分です。背中を押してしまえば、あとは自分で走り出すので、時々方向性を確認したり、新しいことにチャレンジするきっかけを与えればこなせていけます。

　問題は、残りの8割のメンバーの育成です。残りの8割の人は、その

中でも分かれていて、会社や先輩から言われれば勉強する人が4割、言われてもやらない人が4割という感じでしょうか。もちろん、その会社や部署の文化によって、レベルもまちまちです。以前スパルタ的にやっていた時には、非常にスキルを要求されるチームだったので、高度情報試験に1つは受からないとろくに仕事をさせませんでした（実際には「スキルがないと仕事ができなかった」というほうが事実です）。それでも、時間が経てば全員受かっていましたし、メンバーはお互いを刺激しあって、自分から勉強するようにもなっていました。とはいえ、毎回そこまでの情熱と時間を投入できるほど自分にリソースもないことから、「限られた時間の中でできるだけのことをやってあげたい」というのが現在の心境です。

　教育していくうえで意識してもらうこととして、以下の項目を毎回若手に伝えています。どれも基本的なのですが、重要なことです。

①わからないことはまず自分で“時間をかけすぎず”に調べる
②調べてもわからない場合は「自分でどこまでやったのか」を説明してから聞く
③わからないことは何でも聞く
④学んだこと、教えてもらったことは自分だけのものにせず、後輩に教える

わからないことはまず自分で“時間をかけすぎず”に調べる

　これは、学ぶこと全般において共通する、一番重要な基礎です。何も調べない「教えて君」に対しては、申し訳ないですが私は冷たいです。仮にその場で教えたとしても、次にわからないことがあれば、その人は先に進めないからです。

　特に社会人の勉強は、「わからないことをどうやって調べればいいかがわかる」ことが重要です。今はGoogleで検索すればたいていのことはわ

かります。インターネットがあまり発達していなかった時代を知っている人からすると、便利な世の中になったものだと思います。昔はキャビネにズラッと並んだ、1冊2～3センチのマニュアルを片っ端から読んでは調べていました。私が新人の頃は厳しい先輩に教わっていましたが、わからないことがあってもかんたんには教えてくれなかったので、キャビネの前で立ち続けて調べていました。何で自席で見ないのかといえば、本が多すぎてどの本に書いてあるのかわからないので確認しなければならない本が多すぎるのと、分厚すぎて重いから持ち運ぶのも辛いためです。ただ、そうすることを1ヶ月も続けていると、自分でほとんどのものは調べられるようになっていました。大量で分厚いマニュアルの構成を覚えたので、1冊ずつ開いて目次を見ていく必要がなくなったからです。

　どうやって調べるかはその時代に合わせて最も効率のいい方法でおこなえばいいと思いますが、物事を体系的に理解するにはそれ相応の時間を自分で使わないといけません。ただ、調べるにあたっては"時間をかけすぎず"というのが大事です。特に新人を見ていると、わからないと止まってしまう人がいるからです。「わからないことを考えている」というよりも「思考が停止している」と思える人が多いです。私は粘り強いほうだと思っていますが、一方で自分の独力では100％無理だと思ったらアッサリとあきめることもできるので、怒られることを覚悟して聞いていましたが、まれに本当に停止してしまう人がいるので、先輩は注意してあげてほしいと思います。そういう時には、時間を決めることで、停止したままになるのを予防できると思います。たとえば、「1時間経っても進んでいなそうだったら確認してみる」などです。

調べてもわからない場合は「自分でどこまでやったのか」を説明してから聞く

　これは、私が先ほど書いた先輩に実践させられていたことです。当時、「わ

からないので教えてください」といっても「嫌だ」としか言ってくれない
ので、はじめのうちはマニュアルを何冊か持っていき、「これと、これと、
これをこのように調べてみましたがわかりませんでした、だから教えてく
ださい」と聞いていました。調べ方が悪ければ調べ方を教えてくれました
し、読んでいる場所が正しくても理解できていない場合には、その内容を
教えてくれました。はじめは厳しいなと思っていましたが、その時の教え
のおかげで「調べ方がわかってしまえば、自分でなんとかなるもんだ」と
いう自信が得られました。

　なお、今だと「Googleで調べたけどわかりませんでした」という人が
多いと思いますが、私はそれでは物足りないと思います。Googleの検索
は非常に優秀です。しかし、システムのプロとして仕事をするうえで重要
なのは、「確実であること」「製品としてサポートされる使い方をしている
こと」だと思います。そのため、やはり原点はマニュアルであって、そこ
を読まないと成長はしないと感じています。

　インターネットの情報は便利ですが、エンジニアの仕事を保証してはく
れません。ましてや、どこのだれだかわからない人が書いたブログを鵜呑
みにしてはなりません。参考にして自分なりに解釈したのであればまだい
いと思いますが、適当に真似しただけであれば、それはプロの仕事ではあ
りません。

わからないことは何でも聞く

　理解していくうえで一番よくないのは、「わかったつもりになる」「消化
不良のまま進んでしまう」ことだと思います。そのため、疑問を抱えてい
る後輩に、「教えたことでわからない部分が残っていたり、納得できなかっ
たことは何でも聞きなさい」と言っています。

　ただ、たいていのことは教えられるつもりですが、もちろん私もわから
ないことがありますし、忘れてしまうこともあります。後輩に質問されて

わからないことがあれば、私自身で調べて教えるようにしています。教える機会を後輩から与えられるのは私としても光栄なことで、自分の知識の確認もできます。わからないことがあれば、新しいことを知るチャンスでもあります。そのため、後輩に聞かれて答えられないことを恥ずかしいと思ったことはありません。

　もし自分で調べてわからなかったり、調べる時間がなければ、後輩と分担していっしょに調べてみるのもいいのではないでしょうか。そうやって先輩、後輩がいっしょに成長すればいいのではないかと思います。

学んだこと、教えてもらったことは自分だけのものにせず、後輩に教える

　最後は、教える文化を広めるための約束です。後輩にはいつも「教えてもらい逃げだけはしないでほしい」と言っています。

　まれにですが、教えないことで既得権益を得ている人がいます。その人は、そうやって守ることで自分の可能性をなくしていることに気づいていないのだと思います。人間1人でできることなど限られています。自分にできることは後輩に教えてしまい、自分のタスクを後輩に委譲することができれば、空いた時間で自分はもっと別のことをできるようになります。古いたとえなのでわからない人も多いかもしれませんが、パーマンのコピーロボットのような感じで、自分の分身をどんどん作っていければ、今よりももっと仕事の幅を広げられます。そうやって自分の可能性を広げたほうがいいのではないでしょうか。そのため、私は「後輩はその後輩に教えるのがあたりまえ」になるような文化を作りたいと思っていますし、そういう文化になることで将来的に強い組織になると思います。

コラム：先輩社員陣には厳しく

私の同年代や少し下の後輩には、いつも「教える側に回ってほしい」と言っています。そうすると、多くの人は時間がないことを言いわけにします。でも、本当に時間がないのでしょうか？　2週間に一度、1時間の勉強会をやるだけでも変わってくると思うのですが、その時間がとれないというのです。ひどい時には、「残業が増えるから」と言われてしまいます。本当でしょうか？　1ヶ月150時間働いたとして、2時間は1.3％です。1時間あたり約47秒です。その何倍も雑談したりタバコを吸っている人もいるのに、です。

結局、時間を作れない人は何をやっても時間を作れないので、あまり言っても仕方がないのですが、逆に若手には「そういう先輩にはならないように」と伝えています。

もちろん、本当に苦しいこともあるので、仕方のない時もあるでしょう。しかし、1％そこそこの時間を作れない状況は特別で、連続しているならばよくありません。本当に時間がとれない状況がそのまま続くと体と心を壊してしまう可能性があるので、別の心配もしたほうがいいでしょう。ある程度の余裕と後輩とのコミュニケーションがとれる状態が、組織にも自分にも健全だと思います。

技術スキルの伸ばし方

すでに記載した4点はおもに成長／教育するうえでの心構えのようなものですが、ここからはスキルの伸ばし方について記載します。

1つの技術を極めていると、ほかの技術へ応用しやすくなる

システムに限った話ではないと思いますが、1つの技術を極めていると、ほかの技術へ応用しやすくなります。そのため、浅く広く学習するのではなく、はじめの数年間で1つでいいので何かを自分のものにすることを薦めています。イメージとしては、1本の木を育てる感じです。大きな木に育てることで、それが自分の軸になってきますし、いろいろなプロジェクトを経験することでさまざまな枝葉がついてきます。

ここで大きな問題があります。

「"極める"というのは、どのレベルまでいけば"極まった"ことになるか？」

ということです。これは人によって違いがあると思います。インフラエンジニアであれば、IAサーバー構築、Linux構築、データベース構築でも何でもいいのですが、どれか1つがたとえば以下のようなレベルまで達していればいいのではないでしょうか。

・自分1人で構築できる
・だれかが構築でミスしていても、そこから修正できる

・マニュアルを読んで理解することができる
・トラブルが発生しても、状況を理解して製品サポートに確認のうえ、対処できる

　おそらくこのレベルまで達していれば、自分の所属する部署では実力があるほうになっていると思います。私の感覚では、このレベルまでに5年から7年で到達していれば十分だと思います。自分自身で努力を積み重ね、ほとんどのことに対処できるようになると、仮に難しい問題が出てきてもなんとか乗り越えられると思えるタイミングが来ます。まずは、そこまでを目指しましょう。

第一人者を目指すか、ゼネラリストを目指すか

　その地点に到達したら、道は2つに分かれます。1つはそのまま突き進んで会社の中での第一人者を目指すもの、もう1つはもう1本の木を育てにいくものです。

　第一人者は、文字どおり「一番くわしい人になる」ことなので、ひたすら細かいものも拾いながら成熟させていきます。製品の内部動作を理解し、バグやセキュリティ情報もチェックし、さらには新技術と製品の動向も確認する必要があります。そういう細かいものを積み上げて第一人者を目指すのもいいと思います。

　もう1つはもう1本の木を育てるパターンですが、こちらはゼネラリストを目指す方法です。別の言い方をするならば「プロジェクトマネージャーを目指す」といってもいいと思います。プロジェクトマネージャーには技術以外にもヒューマンスキルなどさまざまなスキルが必要ですが、一番重要なのは「プロジェクトで一番問題になっている部分を見抜く力」だと思います。問題を見抜けなければ、プロジェクトの遅延や失敗になります。その問題は、コストであったり、スケジュールであったり、メンバー

第8章　教育コストと体制維持コストの負担　　197

のスキル構成や人間関係かもしれません。さらには、技術的な問題や、システムアーキテクチャの課題かもしれません。どれも重要ですが、一定レベル以上の技術がわからないプロジェクトマネージャーは、いつか失敗します。システムに対しての要件次第かもしれませんが、たとえば非常に可用性が高いシステム、非常にハイトラフィックなシステムなど、難易度が高いシステムを担当するプロジェクトマネージャーになるのであれば、技術的理解は必須です。そこがわからなければ、そのプロジェクトの重要なポイントが見抜けないので、クリティカルパスを描くことができません。

なお、どちらを目指すかは、その人の考え方次第でしょう。少なくとも1本の木が育ったタイミングでは、新人の頃と見え方が違っています。これまでいろいろな若手を見てきましたが、入社直後の若手ほどプロジェクトマネージャーやコンサルに憧れている人が多いと思います。なんとなくかっこいいイメージがあるのだと思いますが、仕事のおもしろさはかっこよさだけでは決まりません。実力をしっかりつけることで、本当に自分が目指したいと思うものが見えてきますし、そこに到達するまではもがきながら努力するしかありません。

すべてのエンジニアに必要なのが OS の理解

インフラエンジニアだけでなく、アプリを開発するうえでも重要なスキルがあります。それは、OS の理解です。「ターミナルで Linux のコマンドを打つことができる」という表面上の理解ではなく、OS の役割と、「OS 上でどのようにプログラムが動くか」を理解することです。

そもそもシステムは、プログラムがメモリ上にロードされ、CPU などのハードウェアリソースを使って動きます。OS が動作するメモリ領域は、カーネル領域とユーザー領域に分かれます。プログラムが動作するのはユーザー領域で、動作する単位がプロセスになります。

◎ OSを中心としたシステムの動作

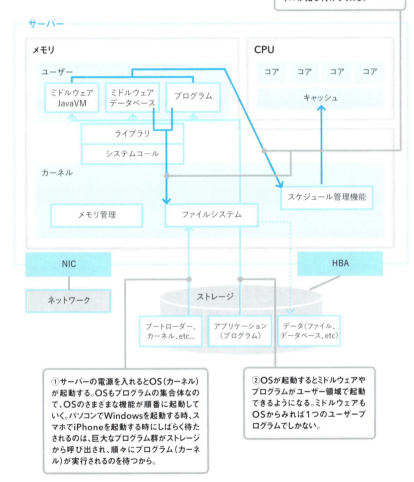

第8章 教育コストと体制維持コストの負担

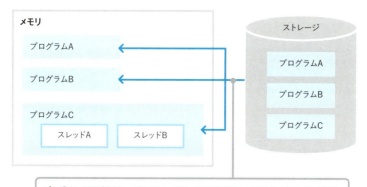

OSのメモリ（ユーザー領域）の動き

プログラムが呼び出され、メモリにロードされると動作できるようになり、プロセスと呼ばれる。プロセスはLinuxならpsコマンド、Windowsならタスクマネージャーで確認できる。
メモリ領域が舞台であるとすると、プロセスはそのうえで演じる俳優のような関係になる。プロセスは単体で演じることもあれば、連携して演じることもある。
なお、プロセスの中をさらに分割してスレッドという単位で動作することもある。その場合プロセスが舞台の役を引き受け、スレッドが俳優の関係になる。同様にスレッドは単体で演じることもあれば、連携して演じることもある

　インフラエンジニアであれば、どのようにプログラムが動作し、リソースが使われているかを理解する必要がありますし、そこを理解したうえでパフォーマンスの情報を見なければ分析もできません。また、トラブルが発生した時には、何が登場人物（プロセス）で、だれとだれが問題を起こしているのか（どのプロセスとどのプロセスが競合して問題になっているのか）を把握する必要があり、その理解には OS の知識が必須です。

　アプリケーションの実装も同様です。自分が書いたプログラムがどのように実行されているのかを理解する必要があります。処理効率の良いプログラムと悪いプログラムがあった場合、「どのように動作するから違いが出るのか？」を把握しなければなりません。先ほど「プロジェクトマネージャーには問題になる部分を見抜く力が必要」と記載しましたが、その力はシステムの動作、振る舞いがわからなければ得ることはできません。

　なお、アプリケーションを開発する時には、その言語の特性も理解しておく必要があります。「どのタイミングでコンパイルされるのか」と「ど

のようなプロセスとして動作するのか」です。Java の場合は、プロセスである JVM（Java Virtual Machine）と、そこで動作するスレッドの関係、ヒープの理解は、すべてメモリ上で動作するプロセスの理解がベースになります。

さらに、システム構築ではインフラエンジニアとアプリケーションエンジニアがチームとして機能しなければなりませんが、そこの橋渡しになるのが OS の知識でもあります。うまく動作しない時には共通の知識をベースに会話しなければなりませんが、OS を理解することでシステムの動作を議論することができます。そのため、インフラエンジニアに限りませんが自分のチームのメンバーを育成しようと思った時には、OS の知識が一定以上のレベルにあるかを確認してみてください。少なくとも、プロセス、スレッドの話ができないと噛み合いませんし、さまざまな情報の分析もできません。

製品への理解を深める

特にインフラエンジニアは、製品について深く理解することが大事になります。重要なポイントは以下になります。

①製品の仕様を確認できるようにする
②製品の動作を推察できるようにする

①製品の仕様を確認できるようにする

すでに記載したように、インフラ構築は製品の組み合わせによっておこなうことが大半です。つまり、プログラムのスクラッチ開発のように、ゼロからの構築はほとんどありません。そのため、製品の仕様を理解しないと仕事ができません。仕様は単に暗記してもあまり意味がありませんし、膨大な情報量になるので、やはり自分で調べられるようになるのが重要で

す。どうやって調べるかは、先に記載したように、マニュアルを確認するのが鉄則です。マニュアルにはまれに誤りが記載されていますが、基本的には製品が保証する一部なので、そこを信じるのが正しい仕事の仕方になります。マニュアルの学習法は大きく 3 ステップに分かれます。教える先輩側の人は、そのレベルに合わせてアドバイスできるといいと思います。

　まずはじめは、とにかく手当たり次第に読んでマニュアルに接する時間を増やしましょう。特に、若手で自信のある製品が 1 つもないような状況では、まずじっくりと向き合う必要があります。会社で時間がなければ、家で読んだほうがいいと思います。仕事の勉強を家でやることについては強制しませんが、やるのとやらないのでは差がついてあたりまえです。高校受験、大学受験でも、学校の勉強以外に家でもやるのがあたりまえだったと思います。結局、学ぶことに対しては時間をかける必要があるので、時間への投資は本人次第になります。どうしても家でやりたくないのであれば、ほかの人よりも早く仕事をして時間を作るしかなくなります。

　次に、ある程度マニュアルを読めて製品もわかってきたら、目次を見てみましょう。マニュアルの目次も機能で構成されている場合もあれば、性能だったり運用だったり、いろいろなポイントで記載されています。たとえば、パフォーマンスチューニングのマニュアルがあれば、裏を返せば「マニュアルにしなければならないほどパフォーマンスに問題が出やすい」ということがわかります。構成を見ることで、これまでの自分の知識を加味して、その製品がどういうものかを理解できます。

　目次を見て特性がわかったら、今度はサポートのナレッジを確認しましょう。目次を見て気になったワードをピックアップして、ナレッジの記載方法や情報レベルをチェックするのも有用です。ナレッジの情報レベルは、そのままサポート力になることもあります。しっかり記載されていればサポートが手厚いかもしれませんが、逆に内容が薄いと問題が起きた時に苦戦するかもしれません。そういう意味でも、マニュアルやサポート情報から製品の仕様をどのくらい調べられるかを知っておくことが重要です。

②製品の動作を推察できるようにする

　続いて動作の推察ですが、推察するには仕様を理解している必要があります。動きの基本イメージがないと、適切な検討ができないからです。そのうえで、第5章の最後のコラムで記載したように、推理小説のように考えていきます。

　一番難しいのは、考える機会（推理するタイミング）の創出です。人を育てていくうえで重要なのはその機会にめぐり合うことだと思いますが、自分でマニュアルを読むのと違って、推察の場合は自分で機会を作れるわけではありません。自分ではわからないことをわかろうとするから推理するのですが、多くの場合、そのようなケースは何らかのトラブルが発生した時になります。

　トラブルの発生をコントロールすることはできないので、教育的観点から推察力を鍛えるのであれば、システムテスト（総合テスト）のタイミングが最適になります。システムテストはアプリケーション開発者と共同で実施すると思うので、相手を待たせないことを考えればそこまで時間に余裕はありません。しかし、本番稼働システムでの障害のように最善の策を最短時間で対処しなければならない状況に比べれば余裕はあります。そのように適度にプレッシャーのかかる状態で、育成したい人に考えることを任せてしまうのがいいと思います。自力でやらせることと、仕事を任せることで責任感を持たせることで、理解のための本気度が上がります。

　注意すべきこととしては、テストの期間に影響を与えないようにすることです。あまりにも解決に時間がかかってしまうと、そのプロジェクトは炎上してしまうので、そうならないように上司は適切なタイミングでフォローする必要があります。

　なお、トラブルが一番の学習タイミングと思われるのも、本気度が非常に高いからです。本当にまずい状況であればいつも以上に推察力も上がりますし、必死に対応します。「火事場の馬鹿力」ですね。

教育のためのコストを捻出する

　教育するのにもコストがかかります。第1章の開発費のところで、「人によって3倍以上、生産性に差がある」と記載しましたが、実際にその差は教育にかかっている部分が大きいです。たとえば、10年目の優秀な人材がかかる時間を1とすると、3年目くらいの人は3〜5倍くらいの作業時間がかかります。何倍かかるかはその人の学習状況によって変わりますが、私の経験では少なく見積もっても3倍は違います。その3倍の中身は何かというと、いろいろ調べるための時間です。まずはインターネットで調べたり、それぞれの現場で作成している利用ガイドのようなものがあればそれを確認するでしょう。しっかりと対応するなら、上記のようにマニュアルを読むと思います。上司に聞いたり、トライアンドエラーすることもあるので、そういう時間がかかります。

　プロジェクトを組成しようとした時に、全員エースを投入することなどできません。バランスよく組成できたとして、たとえば10年目以上の人がプロジェクトリーダーになり、5年目くらい、3年目、さらに新人、という感じです。5年目以下のメンバーははじめての経験が含まれることが多いので、戦力になるためには学習が必要になります。

OJTのコストはプロジェクトコストに含める必要がある

　私の経験では、学習コストをプロジェクトとは別の予算として確保することはできないと思います。いわゆるOJTのコストになりますが、実際の仕事をしながらの学習になるので、「どこまでが学習で、どこからが仕事なのか?」を明確にするのが難しいからです。そうなると、OJTのコス

トはプロジェクトコストに含める必要があり、通常は見積もりをする時に、投入するメンバーの力量を考えてコストを含めることになります。

第1章でも記載しましたが、工数の見積もりをする時に「人月」という単位を用いることが多いと思います。生産性が違うのに人月で強引に合わせるとどうなるかというと、先ほどの例だと10年目、5年目、3年目、新人の平均を取ることになると思います。一般的に、新人を入れてしまうと大半が学習になってしまい、教える側のコストが非常にかかるので、マンパワー的にはかなりロスが発生します。そういうケースが想定されれば、平均ではなく、さらに追加することも考えられます。

能力別に10年目、5年目を評価して単価に差をつけて見積もることもあると思いますが、その単価差異を厳密に評価するのも難しいですし、先輩が後輩に教える時間は単価が高い時間を使っていることになるので、その時間を先輩側に入れるのか、後輩側に入れるのかの判断も難しくなります。いずれにしても、教育のためのコストはプロジェクト内で確保する必要があり、見積もりに盛り込んでおかないとプロジェクトを運営できなくなります。

なお、予算確保にはいろいろと攻防がありますが、削る側は全体を見て考える必要があるので、あの手この手で工数を削ろうとすると思います。その時には、説明する相手によって注意が必要です。教育のためのコストをすべてさらけ出して理解してくれる人であれば素直に説明すればいいと思いますが、そうではない場合もあります。もちろん、それぞれの立場、仕事の役割もあるので、削る人を一概に非難することはできません。ただ、そういうロジックを話すとうまくいく場合といかない場合があることは知っておいたほうがいいでしょう。

体制を維持しつつ、教育もする

仮にいくつかのシステムを保守しながら、いくつかの開発プロジェクト

も並行でおこなえる、DevOps に似た状況を維持できたケースを考えてみます。一定の体制を維持できたとしても、同じ仕事をしていては、組織として成長もしていません。人は数年かけて成長していきますが、数年間を見越した成長を織り込んでおく必要が出てきます。

　仮に新人で配属された人は、3 年経過した時では、できる仕事量がだいぶ変わっているはずです。3 年目だった人も、5 年以上のキャリアを積んでいると、任せられることがかなり増えていると思います。以下を例にして考えてみましょう。2018 年に 10 年目を迎えた A さんをリーダーとして、A さんは 4 人の部下を持っています。部下を育てる必要があり、B さんのサポートを得ながらチーム運営をしています。

【2018 年】
・A さん ……… 10 年目 ：リーダー
・B さん ……… 7 年目　：サブリーダー
・C さん ……… 5 年目　：一定のエリアを任せられる存在
・D さん ……… 3 年目　：そこそこ仕事ができる。E さんの教育係
・E さん ……… 1 年目　：新人で、まだまだ仕事ができない

　その 3 年後の 2021 年では、以下のようになったとします。

【2021 年】
・A さん ……… 13 年目 ：リーダー
・B さん ……… 10 年目 ：サブリーダー
・C さん ……… 8 年目　：サブリーダー
・D さん ……… 6 年目　：一定のエリアを任せられる存在
・E さん ……… 4 年目　：そこそこ仕事ができる。F さんの教育係
・F さん ……… 1 年目　：新人で、まだまだ仕事ができない

　引き続き A さんはプロジェクトリーダーをしていますが、3 年前に比べ

ると全体的にメンバーが成長していて、運営は楽になっているはずです。特にこの例の場合であれば、サブリーダーとして仕事ができるメンバーが2人いることになります。

　このような状況だと、Aさん、Bさん、Cさんはほかの組織への移動候補になります。だれが異動するかはほかの組織の状況やプロジェクトの状況によって異なりますが、仮にAさんが抜けたとしても、Bさんがリーダーとしてやっていけるでしょう。Bさん、Cさんも、ほかのチームに異動して、サブリーダーとしてやっていけると思います。

　なお、今回の例では全員が異動しないでそのまま成長したケースになりますが、一般的にはその間にもメンバーの異動はあります。いわゆるローテーションとしての異動であれば、比較的似た年次、似たポジションの人を入れ替えると思いますが、そういうケースにおいても入れ替わった人が成長することを考えておく必要があります。

　重要なのは、数年かけて成長していくこのようなモデルを意識することです。新人だったEさんはいつまでも新人ではないので、やれることが増えて、かつ効率的に仕事もできるようになっているはずです。特に若手には2〜3年くらい上の人だとイメージしやすいので、自分の2〜3年後を意識させ、目標を持たせるのがいいと思います。EさんであればDさんを目標にして、自分にとって何が不足しているのかを考えさせることが重要です。そうやって各メンバーが成長していくことで、組織は数年間かけて成長します。成長した組織は、非常に強力なパフォーマンスを発揮できます。

コラム：人が成長するチームから人が抜かれていく

どんな組織でも共通していえることは、「人が成長するチームから人が抜かれていく」ということです。

メンバーが成長するチームには、比較的優秀な人材が集まっています。少なくとも、同じような年次や職位で比べると成長している分、優秀なことはまちがいないと思います。人を抜くのにはそれなりの理由があるのですが、最も多い理由は「あるチーム・プロジェクトがピンチだから助けてほしい」というものです。抜かれる側からすると戦力ダウンになるのでたまったものではないのですが、実際にはよくあることです。

私も若かった頃、自分の右腕に育てたメンバーを引き抜かれたことがありました。それ相応の補充もしてもらえなかったので抵抗もしましたし、モチベーションも下がりました。ただ、そういうことを繰り返すことで、最近ではそれほど抵抗感がなくなりました。「ほかのチームで人が育てられないのであれば、自分のチームで育てて輩出すればいい」と思っています。

また、成長して優秀な人材になってくれたメンバーをいつまでも自分のチームに抱えておくのも得策ではないと思います。ある程度の実力があれば、「自分の力をほかで試してみたい」と思うのも自然です。そのため、成長したメンバーを温かく送り出すのも重要な仕事だと感じています。

第 9 章

サーバー（IaaS）の
コストを考える

「速いか遅いか」「壊れにくいか壊れやすいか」の2軸でコストを考える

　これ以降の章では、より実践的なコストの考え方を、インフラのレイヤーごとに代表的な製品をふまえて解説していきます。まず、サーバーに関して記載する前に、基本的な考え方について触れることにします。

　コストを考える時に一番重要なのは、システム全体のコストの配分を知ることです。一番お金がかかっている部分を削減しなければ、効果が薄くなります。

　ただ、お金がかかっているからといって、必ずしもそれが問題だとは限りません。比較的高額になりがちなのはストレージとデータベースですが、ほかのIT製品と比べて難しい処理をおこなっているともいえます。難しい処理をおこなっていれば高額なのは当然なのですが、問題なのは「その高額な製品が本当に必要なのか？」です。「お金がかかっている部分の購入金額が適切か？」を考えるのも重要ですが、「金額に見合うだけの使い方をしているか？」を考えるのもまた重要です。

「速さと故障のバランス」が高い部品か安い部品かを決める

　インフラでコストを考えるうえで重要なのが、非機能のバランスです。たとえばRDBMSは、データの永続性を担保し、必要な時にSQLでデータを取り出したり更新したりできる必要があります。そういう基本的な機能においては、Oracle DB、MySQL、PostgreSQLのいずれでもそれほど差はありません。一方で、Oracle DBのEnterprise Editionは高額なライセンスですが、可用性向上など、自分で実装しようと思うと苦労するものがいろいろとオプションで追加できます。それらは目に見えにくいもので

評価が難しいため、高額なのか安価なのかの判断が難しくなります。特に可用性は評価が難しく、実際にトラブルになって後悔することも多いと思います。仮に後悔したとしても、それを金額換算しようとするとまた難しくなります。とはいえいずれかの方法で判断する必要があるので、「速い・遅い」「壊れにくい・壊れやすい」という 2 つの評価軸で整理します。

速い部品 vs. 遅い部品

　システムで計算処理をするのが CPU であれば、一番速くデータをやりとりできるのがキャッシュ（厳密には CPU 内レジスタですが、インフラ担当として考慮するのはメインメモリからでいいと思います）になります。同一サーバー内のメモリが一番高速で、次いで別のサーバーのメモリアクセスになります。別のサーバーのメモリアクセスはネットワークにも依存するので、一概に速いとはいえない場合もあります。

　逆に、圧倒的に遅い部品は、HDD などのディスクです。SSD になって多少高速にはなりましたが、同一サーバー内のメモリに比べると圧倒的に遅いので、過信は禁物です。

壊れにくい部品 vs. 壊れやすい部品

　基本的に、壊れにくいのは、物理的に動かない部品です。すべて物理的に固定されていれば、壊れるリスクは減ります。

　逆に壊れやすいのは、よく動く部品です。代表的なのが HDD です。ディスクは高速で回転していますし、アームも頻繁に動きます。最近は壊れにくくなったと思いますが、それでも HDD は壊れやすい部品の筆頭格です。

　また、IT 機器の多くは熱にも弱いので、動かない部品でも注意が必要です。特に電力を必要とする部品は熱を発するので、故障や誤作動の元になります。

　高い・安いは、上記の「速い・遅い（性能に関係）」「壊れにくい・壊れやすい（可用性に関係）」と密接な関わりがあります。速い部品ほど価値が

あるので、高くなります。また、壊れにくい部品も価値があることになります。

　壊れやすさに関しては、製品単体ではどうしようもないので、複数の製品を組み合わせて対応する場合もあります。たとえば、世の中の HDD の故障率はどのメーカーでもそこまで差がないので、HDD の壊れやすさを補完するにはストレージのような製品にする必要があります。壊れやすい製品を組み合わせながらも全体としては壊れにくい製品としているので、価値が高くなります。

　このように、「速い・遅い」「壊れにくい・壊れやすい」で整理すると、徐々にコストの評価ができるようになります。すべての製品においてこれだけの指標でコストを評価することはできませんが、性能と可用性は非機能における重要な要素となります。

技術を知ってから価格を知る

　単なる部品だけでなく、技術で性能や可用性を向上するケースがあるので、どういう実装がされているかをよく研究する必要があります。たとえば HDD は、壊れるだけでなく、処理速度が遅いものになります。つまり、HDD は非常にネガティブな要素を持った部品になります。一方で、情報処理システムにおいてデータを使わないケースはほとんどないので、データを格納する仕組みは必要です。

　　「どのようにして、低速の部品を組み合わせながらも、速度を上げているのか？」
　　「どのようにして、壊れやすい部品を扱いながらも、全体としては壊れにくくしているのか？」

など、どのような工夫や技術によってカバーされているかを知ることが重要です。そこを知ることによって、価格を評価することができます。

CPU の費用対効果

　サーバーを構成する部品には、マザーボード、CPU、メモリ、HDD、ネットワークカード、電源モジュール、その他外部インターフェースなど、さまざまなものがあります。それらの中で最もコストに影響するのが、CPU とメモリです。そのため、ここでは特に CPU とメモリにフォーカスします。

　なお、ひと言でサーバーといってもいろいろありますが、近年最も使われている IA サーバー（x86 アーキテクチャ）をベースに記載します。IA サーバー以外の CPU を使った UNIX サーバーや、GPU を搭載したものまでいろいろありますが、基本的な考え方は応用できると思います。GPU を使用した計算グリッドなどは、第 13 章で記載します。

マルチコア時代の考え方

　1990 年代のパソコンの広がりとともに、CPU は急速に性能が良くなってきました。特に Windows 95 の登場により GUI での操作が一般的になってきたことから、CPU パワーが必要になったのも要因だと思います。90 年代の後半には、クロック数の増強をインテル、AMD が激しく争いました。サーバー用途としては、当時はまだサンマイクロシステムズだった UltraSPARC や IBM の Power 系の CPU が激しく争っていた時代です。ところが 2000 年代初頭になると、物理的なクロック数の限界によって、CPU のマルチコア化が進みます。その勢いはそのまま継続していて、現在では 30 コア近くの CPU も使われはじめています。

　CPU のポイントは、クロック数の限界によって、単体のコアでの性能増強はあまり期待できないということです。つまり、単体のコアに依存し

た動作であると、どんなにマルチコア化しても高速化できません。そのため、マルチコアに対応したプログラムを記載し、処理速度を向上させる必要が出てきます。マルチコアに対応させるにはマルチプロセスやマルチスレッドで並列処理させる必要がありますが、いずれの処理も実装しようと思うとかなり難しくなります。

　マルチプロセス、マルチスレッドのプログラムを実装する場合、プログラムを並列（別々）に動かすため、処理を分割します。「処理をフォークさせる」ともいいますが、イメージは食べるときに使うフォークのように分岐させるものになります。分岐されたプログラムは、それぞれが勝手に動作します。最後まで勝手に動作して終了すれば特に問題はないのですが、多くのプログラムでは別々に処理したものを統合して次の処理に引き継いだり、集計したりします。たとえば、プロセスを分岐し、親プロセスから子プロセスA、B、C、D、Eを生成して、それぞれで処理させた場合、それぞれの子プロセスの処理結果をどのようにまとめるかを考える必要があります。

　おこないたい処理としてA〜Eまでのすべての結果がそろって完了する場合は、完了していない処理があれば待たなければなりませんし、エラーになっていればリトライするなどの処理を入れる必要があります。このように、並列処理を実装しようと思うと、A〜Eの全部がうまく動いているかのケアも必要になってくるので、実装はかなり複雑なものになります。逆に、このようなケアをしつつ、並列処理できる実装をおこなっていないプログラム（1つのプロセスだけで処理するプログラム）では、どんなにCPUを増強してもスループットは上がりません。

　また、業務ロジック的にどうしても並列処理できない部分もあるので、そういう部分への対策が必要になります。並列処理できないものとして、ショッピングサイトであれば在庫数の更新、バッチ処理であれば集計処理などがあります。たとえばネットサイトでショッピングする場合に、在庫が1つしかないのに2つの処理を受け付けてしまうと問題になってしまいます。そのため、注文確定や決済情報の更新などを実装する場合には、

◎処理がフォークされる場合

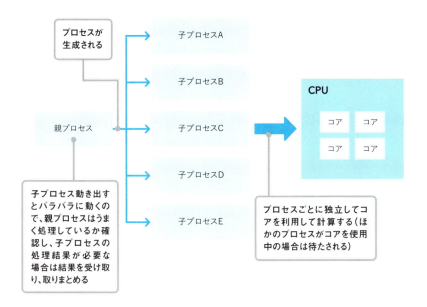

　そのような事故が起きないように別々に処理させないか、処理させても問題がないようにする必要があります。多くのアプリケーションでは並列処理できない部分があり、そういうところは別々で処理していたものが集中するので、性能上ボトルネックになりがちです。そのため、極力ボトルネックが発生しにくい実装を工夫する必要があり、それができないとマルチコア化の良さを引き出せなくなってしまいます。

　それらの対策を施したうえではじめて、CPUの性能をうまく使い切ることができるようになります。そのため、特にインフラエンジニアは、実際に動作させるアプリケーションがマルチコア化して高速になるか、確認しておく必要があります。

マルチコア化はソフトウェアライセンスがかかる

ソフトウェアライセンスの多くは、CPU のコア数に従って課金されます。細かく分けると、次の 2 つになります。

・物理的な CPU に課金されるもの
・OS の認識する CPU に課金されるもの（仮想化していた場合、仮想 CPU に課金される）

物理的な CPU に課金されるのは、Oracle をはじめとしたプロプライエタリ製品に多くあります。一方、OS が認識する単位に課金されるのは、Linux をはじめとした OSS ベースの製品が多くなります（もちろん、プロプライエタリ製品でもあります）。

◎物理コア課金と仮想 CPU 課金の違い

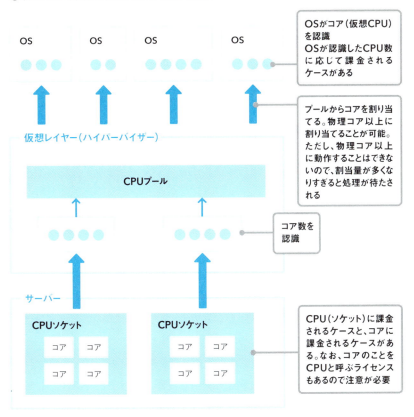

最近はサーバーが仮想化されることが多いので、プログラムがマルチコアに対応していた場合、かんたんに性能を増強できるようになりました。CPU の能力が不足していると思えば、OS を停止して、割り当てコア数を増加させるだけです。

お手軽にできる分、増強する場合にはソフトウェアライセンスの課金にも注意が必要です。インフラとしてサーバーを選定するうえで特に注意が必要なのが、物理的な CPU に課金されるケースです。仮想化して割り当てコア数を制限しても、ライセンスとしては物理に課金されるので、安易

にマルチコアの CPU を導入できません。マイグレーションでは、特に注意が必要です。ひと昔前は 1 つの物理サーバーで 4 コアのものが多かったですが、現在は 16 コア以上のサーバーもめずらしくありません。そういったサーバーで稼働させると一気にライセンス料が上がってしまいます。ただ、それを嫌って CPU コア数の少ないサーバーを選ぼうと思っても、今の時代に 4 コアの CPU を選択することは事実上難しくなりました。CPU のマルチコア化が進んでしまったため、そのような CPU がなくなってしまったからです。つまり、物理的な CPU に課金されるソフトウェアを使う場合は、ハードウェアの選定に気を使わないと、無駄な投資をすることになります。

　さらに、物理的な CPU に課金されるケースでやっかいなのが増強です。仮に 8 コアのサーバーで運用していたとして、CPU を追加したいと思った時に、9 コアの CPU を購入することはできません。既存のサーバーの CPU を抜き替えて交換しようとすると、次は 16 コアになってしまうことが多いでしょう。本来 8 → 9 → 10 と増強していきたいのに、8 → 16 → 32 のようになってしまうのです。8 → 9 と 8 → 16 だけを見ても、16 － 9 ＝ 7 コア分のライセンスが無駄になります。

　なお、物理的な CPU に課金されるタイプの解決策の 1 つとしては、あるまとまったサーバーにそのライセンスを使用するサーバーを集約してしまうものがあります。たとえば、HA 構成を組めるように 2 台のサーバーを用意し、両方に Oracle DB のライセンスを購入し、仮想化環境を構築します。そして、そのサーバー上に Oracle DB を使う仮想マシンを集約します。

◎物理CPUに課金されるライセンスを集約することで効率化する

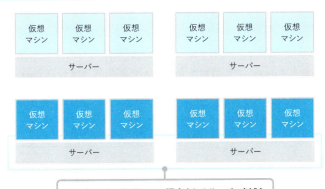

第9章　サーバー（IaaS）のコストを考える　219

ただ、それでもライセンスとしてはピッタリ使い切るのは難しいのが現実です。

　また集約しようとしたときに、1つのOSにDBサーバーのみが稼働していればいいのですが、ほかの処理もおこなう構成にしてしまうと無駄が生じます。たとえば、以下のような製品を1つのOSにインストールする場合です。

・Oracle DB　→　4コア使用
・メッセージ連携ソフト（MQ など）→　1コア使用
・AP サーバー（Tomcat、JBoss、WebLogic など）→　2コア使用
・自前のバッチ処理プログラム　→　1コア使用

　1つのOSに複数の処理を入れれば入れるほど、本来Oracle DBとして使わなければならないCPUを別の用途で使用することになります。上記の例では、OSとしては8コア割り当てられることになりますが、Oracle DBとして使うのは4コアの想定なので、8コア分のライセンスがかかるはずですが、4コア分しか使わないことになります。

　Oracle DB以外の4コア分の処理を別のOSに構築する方法もあります。しかし、OSを増やして運用すると構成が複雑になりますし、運用ジョブの手間も増えるので、OSの数を減らしたいと思うのも自然な発想です。

　このような1OSへの機能の集約と、物理的なCPUに課金されるソフトウェアライセンスの集約はトレードオフになります。無駄がないように注意して管理する必要が出てきます。

CPU がマルチコア化しても足回りがついてこれない

　さて、上記のようにマルチコアサーバーに集約を検討し、ソフトウェアライセンスを削減しようと思ったとしても、それが本当にうまく機能する

のでしょうか。何度か記載しましたが、システムインフラは全体のバランスを考えることが重要です。CPU に関しては、2000 年まではクロック数の増加、その後はマルチコア化と進化が進んでいます。つまり、速い部品が速くなり続けているのです。逆に遅い部品の代表格であるディスクはどうかというと、HDD の回転数はほとんど向上していません。また、ストレージ技術に革新的なものが登場したかというと、それほどの変化はありません。唯一目覚ましい進化を遂げたのが SSD ですが、SSD の成長と CPU の成長を比べると、CPU のほうがはるかに進化していることになります。

　この現実をしっかりと受け止める必要があるのですが、ひと言でいうと、システムのバランスは悪いほうに変化しています。CPU とディスクの速度差が増しているということは、部品ごとの速度差が開いているので、より遅い部品への考慮が必要になっています。IA サーバーで見た時には、CPU の搭載以上に足回りへの配慮が必要です。具体的には、ストレージへのアクセスとネットワークです。

　特にストレージアクセスにおいて、FC-SAN を使わずにイーサネット経由にする場合は注意が必要です。TCP/IP で NAS を利用する場合と、iSCSI を利用するケースでは他通信との衝突や帯域へのケアが必要になります。このような構成になると、ストレージアクセスがネットワークに集中するので、トラブルが発生しやすくなります。構成を検討する時には、以下の I/O について検討してみてください。

・OLTP 処理のストレージアクセスとネットワーク使用量
・バッチ処理のストレージアクセス
・バックアップ処理時のストレージアクセス
・トラブル復旧時にリカバリするためのストレージアクセス

　なお、OLTP などのオンライン系処理と、バックアップやリカバリの処理を別のネットワークに分けることを検討してもいいと思います。NIC から物理的に分けてしまってもいいと思いますし、QoS で制御してもいい

と思いますが、重要な処理に影響を与えないようにすることが重要です。

　これまでの説明で、マルチコア化に対応するためにサーバー集約を進め、特に物理 CPU に課金されるソフトウェアライセンスの効率を高めるためには工夫が必要だということはご理解いただけたと思います。一方で、集約した時にはネットワークなどの、サーバーからの外部インターフェースのボトルネックに対して考慮が必要でした。ここでもう一度、部品ごとの速度について記載します。大きな構成要素としては CPU、メモリ、ディスクになりますが、速度は

CPU ＞メモリ＞ディスク

になります。

メモリの強みを理解する

現在はメモリのコスパがいい

　CPU はすでに記載したようにかなり進化してきましたが、ディスクはほとんど高速化していません。メモリも同様に、高速化はそれほど進んでいませんが、大容量化と価格の低下が進みました。ここで、メモリ（DRAM）の特徴を記載します。

- ディスクに比べると高速の I/O が可能
- システム構成要素の中でも比較的壊れにくい部品
- ただし、保管されるデータは基本的に揮発性（一部電源が失われてもなくならないものはある）
- 価格が安くなり、数百 GB クラスのメモリ確保が汎用 IA サーバーでも可能になった
- メモリを最大限搭載するには、CPU のソケット数や電源容量への考慮が必要

　メモリはディスクに比べるとはるかに I/O が速いですし、最近では大容量化も可能になってきました。2017 年現在では、最大容量としてはテラバイトクラスのものもありますが、そこまで搭載できるものを選ぶとサーバーもハイエンドクラスに近くなるので、コストパフォーマンスが下がる可能性があります。とはいえ、数百 GB クラスのメモリは確保しやすくなったので、活用の幅が広がっています。このあたりの価格動向と技術進歩は日々変わるので、購入時には念入りに確認することをおすすめします。

第 9 章　サーバー（IaaS）のコストを考える　223

唯一の欠点ともいえるのが、揮発性であることでしょう。サーバーが停止してしまうと、どうしてもデータはロストしてしまいます。そのため、データが保存されるような仕組みを組み込むか、クラスタ構成にしてデータの冗長性を確保する必要があります。

　クラスタ構成にしてメモリの冗長性を確保するには、データグリッドのような技術を採用します。メモリ上のデータであれば高速ですし、スケールしやすいものが多いのが特徴です。注意すべきことは、以下の点です。

・データの扱いをシンプルにして、複雑な処理をさせないようにする
・データが失われる可能性を考慮する

　RDBMSのような複雑な処理をおこなわせると、せっかく確保した速度を失わせることになります。また、クラスタ構成は一般的に複雑なため、何かしらの不具合があると考えたほうがいいと思います。そのため、通常運用は問題がなかったとしても、ふとした動作や不具合で停止してしまうことがありえます。特にデータをメモリ上に載せていると、クラスタ全体がダウンした時には全データがロストしてしまいます。そのような可能性があると考えて、システム構成を検討する必要があります。

メモリにライセンス課金モデルを組んでいる ソフトウェアはほとんどない

　メモリのコスパがいい最大の理由は、メモリに関してのライセンス課金モデルを組んでいるソフトウェアがほとんどないことです。つまり、CPUは搭載すればするほどソフトウェアライセンスが必要になりますが、メモリはどれだけ搭載してもコストが変わりません。

　実際に見積もりをとってみればわかると思いますが、ラックマウントのIAサーバーにメモリをフル搭載する価格と、同じサーバーのCPUに対し

て高額なプロプライエタリ製品のソフトウェアライセンスを課金させるのでは、メモリのほうが安くなります。安いソフトウェアならばそもそもコストに神経を使う必要もありませんが、高額な製品であればこの方法を使わない手はありません。たとえば、Oracle DB のようなライセンスも高価なものに大容量メモリを搭載するのは非常に効果的です。どれだけメモリを積んでもライセンス料は変わらないので、使わない手はありません。

大量に搭載したメモリをうまく活用する設計が必要

　メモリを通常よりも搭載するということは、CPU の 1 コアあたりに使用可能なメモリサイズを増やすことになります。たとえば、4 コア 8GBメモリのサーバーを 4 コア 20GB メモリにすると、1 コアから見ると使用可能なサイズが 2GB から 5GB に変わることになります。それだけの変更をおこなった場合、システムのバランスを意図的に崩していることになります。バランスを崩すということは、ボトルネックが移動するので、新たなトラブルを生む可能性があります。さらに、今まで見つかったことのないバグに遭遇する可能性があります。

　コスト面からメモリを活用するのは、ボトルネックの緩和になります。遅いディスクで受ける処理の一部を、高速なメモリで受けることにより、全体の負荷バランスが改善します。そのため、大量に搭載したメモリをうまく活用する設計が必要になります。基本的に、メモリはキャッシュ層として使うことが多いので、どのキャッシュとして活用するかです。

　なお、繰り返しにはなりますが、メモリは揮発性の特徴があるので、データをロストさせたくない時にはキャッシュ層は使えません。シンプルな考え方としては、データの更新にはキャッシュを活用しにくく、参照の処理にはキャッシュの活用がしやすくなります。サーバーに実装する処理でどのようなポイントに活用できるかを考えてボトルネックを解消しつつ、CPU の負荷を下げるかが重要になります。

第 9 章　サーバー（IaaS）のコストを考える　　**225**

ディスクの故障とシステム停止を想定する

　ここで記載するのは、サーバー内のディスクになります。外付けされるストレージやサーバー自体に大量の HDD を搭載するストレージノードは、第 11 章で解説しています。サーバーの内蔵ディスクには、基本的にビジネス的なデータは保存せず、OS やミドルウェアのバイナリ、ログなど失ってもかまわないデータを保存しますが、それはディスクの信頼性が大きく異なるからです。

ディスクで一番重要なのは"書き逃げ"があること

　サーバーの内蔵ディスクの話を進める前に、私がディスクについて考えるうえで最も重要な点を記載したいと思います。データはディスク（ここでは HDD をベースに記載します）に保存しますが、物理的には磁気ディスク（プラッター）に磁気ヘッドが磁気変化を与えてデータを記録します。細かい HDD の仕組みまでは記載しませんが、磁気の変化を与えるときにうまく変化する場合と、そうでない場合があります。

　OS のファイルシステム、たとえば Windows の NTFS で chkdsk をおこなうと、不良セクタという情報が出てくることがあります。これはファイルシステムとして認識した不良領域です。読み書きするうえで思ったように動かなかった場合に、不良セクタとして扱われます。不良セクタの情報は、OS とは別のディスクのレイヤーでも管理されています。ディスクの情報を S.M.A.R.T. から読み取ることで、ディスクが把握している不良セクタの情報もわかります。

　ポイントは、OS、ディスクのファーム、物理的の複数のレイヤーで不

良な状況を検知するのは比較的よくあることです。さらに、それらのディスクへの書き込みタイミングでは不良であることはわからず、読み取りをおこなってはじめてわかるものです。つまり、ディスクで一番重要なのは、「うまく書けない可能性が比較的多くあるが、書き込んだ段階ではうまく書けているかがわからない」ことです。

　私は"書き逃げ"と呼んでいるのですが、write命令が発行された時におこなわれるのは、磁気ヘッドは書き込むセクタ上で磁気を照射する、つまりデータを書き込んだつもりになっているだけです。微妙なアームの動作で、少しだけ書き込む場所がずれているかもしれませんし、物理的に不良なセクタに書き込もうとしているかもしれません。でも、それは書いたときに気づけず、次に読み込んだ時に読み取れないことで気づくのです。

　そのような特性があるにもかかわらず、ディスクにはデータを永続的に保管しなければなりません。つまり、ディスクには遅い以外にも、「書いたはずのデータが保存できていないことがある」という特性もあるのです。もちろん研究を重ねて品質も上がってますし、2000年頃に比べて格段に故障も減りましたが、根本的な性質に変わりはありません。

　とはいえ、一般的にシステムはデータの保管をディスクに期待していますし、バックアップを含めよりどころにしている部分があります。そのため、単体では弱い部分を複数集めて、さらにデータを保護するアルゴリズムを入れて、システムとしてデータを保護します。そうして生まれたのがストレージになります。ストレージについては第11章で記載するので、ここではサーバーの内蔵ディスクに話を戻します。

　内蔵ディスクは、物理サーバー1台に2本から10本くらいまで搭載することが多いと思います。本数が少ないということは、性能面でも不利ですが、可用性面でも不利になります。2本であれば可用性に対してはミラーリングしか組めませんし、ストレージのような強固な冗長構成を組むのが難しくなります。そのため、実態として業務的なデータは外付けのストレージに保存し、ロストしても問題のないデータ（先に記載したOSやミドルウェアのバイナリ、ログなど）を内蔵ディスクに保存するのが一般的にな

第9章　サーバー（IaaS）のコストを考える　227

ると思います。

書き込めていても読み込めないこともある

　ディスクの不良については、書き込みがうまくいかなかった場合だけでなく、書き込めていても何かの問題で読み込みができなくなることもあります。サーバーの内蔵ディスクでそういうことが発生するとどうなるのでしょうか。

「サーバーの内蔵ディスクには OS やミドルウェアのバイナリを格納することが多い」と記載しましたが、バイナリは起動時に読み込むプログラム群です。つまり、電源を入れると OS の情報が読み取られて、それ以降読まれることはほとんどありません。ミドルウェアのリブートも OS のリブートと同じタイミングにする運用であれば、読み込みのサイクルは同じになります。そのため、1回起動し、システムとして動作し始めた後にディスクのメディアエラーが発生しても、気づくタイミングはほとんどないことになります。まれに、システムをリブートするとうまく起動しないことがありますが、それらはこのような特性によって引き起こされます。

ミッションクリティカルなシステムではロット障害に注意

　最後に、内蔵ディスクで気をつけることとして、ロット障害があります。普通のシステムではそこまで気にする必要もありませんが、ミッションクリティカルなシステムでは意識したほうがいいという内容です。そもそもミッションクリティカルなシステムの定義があいまいですが、ここで意図するレベルは「対象のシステムでトラブルが発生した場合、企業に対して非常に甚大な被害をもたらすもの」です。システムが停止することによって非常に多くのお客さまに迷惑をかける場合、会社の信用を落としてしま

う場合、金融であれば当局から指導が入る場合などです。

　そのようなシステムで内蔵ディスクのロット障害を引いてしまうと、大変なことになります。私も以前、50台以上のAPサーバーでロット障害になり、次々にサーバーが落ちて大変だったこともあります。また、運よく停止しなかったサーバーのディスクも替えていく必要があり、作業に膨大な時間がかかりました。IAサーバーの内蔵ディスクの場合は、ストレージのようにかんたんにディスクを交換できないことがあるからです。

　このようなトラブルは「同一ロットをまとめて組み込まない」などの製品管理がきちんとおこなわれていれば発生しないのですが、そうではないことがあります。そのため、非常に重要なシステムを担当する時には、構成される部品のロットもひと言確認するほうがいいと思います。

　なお、具体的な試算は難しいですが、重要なデータを内蔵ディスクに保存してしまいデータロストする場合や、ロット障害などが発生した時は、コストが非常にかかります。あらかじめコストがかからないように本質を理解して設計し、確認することも重要です。

SANブート構成にするかどうか

　SANブートは、かんたんに記載すると「内蔵ディスクを持たないサーバー構成にする」ことです。当然、OSのブート領域が必要になりますが、それもストレージに持たせてしまう発想になります。すでに記載したように、内蔵ディスクはストレージに比べると脆弱なので、それを嫌った構成になります。

　コスト効率の観点から考えると、GB単価はストレージのほうが高価になるので、内蔵ディスクのほうが有利です。一方で、運用を開始してから万が一内蔵ディスクが故障した時には影響も大きいですし、トラブル対応という組織にとって厄介なタスクとそれに伴うコストが発生します。特に大きなトラブル対応時は上級エンジニアや部門長なども参加するため、見

えにくいコストが発生し、場合によってはその影響が構築中のシステムにも影響します。

結局は「故障というリスクに対してどのように考えるか？」次第なので、実態として故障が少ないのであれば内蔵ディスクのほうが有利になります。その判断は組織にもよるでしょうし、運用しているシステムにもよると思います。

SSD をどう使うか

テクニカル的には、内蔵ディスクを SSD にしてしまい、故障率を下げることも可能です。SSD は性能のほうに注目されがちですが、個人的には故障率の低さも注目しています。これまでのディスクのように、稼働する部品がないからです。回転するディスクがないのは、物理的にかなり有利になります。これまで 5 年以上、SSD を使ったシステムを運用していますが、故障率がかなり低いので、個人的には信頼しているアーキテクチャの 1 つです。

SSD はセルに電荷を蓄えますが、次の 4 種類があります。

・SLC
・MLC
・TLC
・QLC

SLC（シングルレベルセル）は 1 つのセルに 1 ビット（0 と 1 の 2 つの状態）を保存し、MLC（マルチレベルセル）は 1 つのセルに 2 ビット（4 つの状態）を保存できます。つまり、SLC と MLC だと、MLC のほうがたくさんの情報を保存できます。さらに TLC の T はトリプル、QLC の Q はクアッドなので、より多くの情報を保存できます。そのため、容量は QLC が一番

有利になります。

　しかし、SSD のセルには書き込みの上限があります。経験的に、メーカーの上限を超えてすぐに使えなくなることもないですが、QLC は 1 つのセルに何倍ものデータを書き込むので、寿命は短くなってしまいます。そのため、耐久性に関しては、SLC が最も高くなります。実際には MLC でも十分な耐久性があると思いますし、2017 年の性能であれば、MLC と TLC を性能と耐久性のバランスを考えて選択するのがいいのではないかと思います。

　余談になりますが、Windows 7 から 10 の無償アップグレード期限が 2016 年にあったタイミングで、私は自宅のノート PC をすべて SSD 化してしまいました。たまたま調べていたら TLC の 1TB クラスが安くなっていたというのもありますし、自分の担当システムでいろいろ SSD を扱ってみて「思った以上に壊れない」と感じたこともあります。また、SSD に変えると速度も上がり快適になるのですが、それよりも良さを実感したのは「HDD が回転する振動が伝わってこない」ことです。さらに、ノート PC のファンが回転する回数も減ったので、熱に対しても効果がありそうです。まだ 1 年ちょっとしか運用していませんが、まだしばらくはこのまま使えそうです。

ラックマウントサーバーか、
ブレードサーバーか

　IAサーバーを選択する時に、ラックマウントサーバーにすべきかブレードサーバーにすべきかは悩ましい問題です。一時期、ブレードサーバーの増加率のほうが優勢かと思われましたが、最近はラックマウントサーバーのほうが多くなっています。それは、サーバーを構成する部品のバランスによるところが大きいと考えています。

ブレードは後から埋めた部分の耐用年数が短くなってしまう

　一般的に、ブレードサーバーのほうが集約率も高く、配線もシンプルに構成することができます。一方で、ブレードサーバーはエンクロージャーにブレードが埋まりきらないと、どうしても利用効率が下がってしまいます。さらに、ハードウェアには5～7年程度の耐用年数がありますが、はじめからブレードをフル搭載できない場合、後から埋めた部分の耐用年数は短くなってしまいます。

　このように、ブレードサーバーは埋まっていない部分を徐々に追加していくことになりますが、その追加期間にサーバーも変化します。具体的には、すでに記載したようにマルチコア化とメモリの大容量化が進みます。大容量化が進むと、コストにも影響が出てきます。数年前ではハイスペックだったサーバーが、大容量化が進んだことで汎用的なスペックになっていて、購入金額も下がることが考えられます。そういう時代の追従性を考えると、ラックマウントサーバーのほうがコントロールがしやすくなります。

◎ブレードに後から追加するとムダが生じる

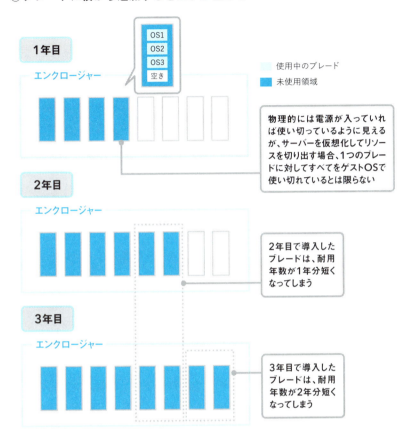

ラックマウントサーバー1台でまかなえる規模がかなり大きくなった

また、最近ブレードサーバーが落ち込んでいるのは、ラックマウントサーバー1台でまかなえる規模がかなり大きくなったからだと思います。仮想化することを前提として考えれば、1台あたりでメモリ数百GBクラス

のサーバーも購入しやすくなったので、それだけのリソースがあればかなりの仮想マシンを集約できます。データベースサーバーですら、何台も集約することが可能です。

　このように集約台数が大きくなってくると問題になるのは、ボトルネックの移動や顕在化です。集約率を高めると、それに合わせて足回りの強化が必要になります。すでに記載したネットワークとストレージ I/O について柔軟に増強する必要が出てきますが、この点においてはブレードサーバーよりもラックマウントサーバーのほうに優位性があるでしょう。ブレードサーバーは元々これらの足回りを集約するコンセプトですが、そこが変化し、増強が必要になってくると、時代の流れにコンセプトが追いついていけないことになります。ラックマウントサーバーはネットワークやストレージ I/O のカードを追加しやすいので、柔軟に対応できます。

　このため、2010 年くらいはブレードサーバーを導入し、ブレード内にスイッチサーバー（L2 スイッチ）を搭載する構成がシンプルで運用もしやすかったですが、最近ではラックマウントサーバーにしてしまい、それらのラックマウントサーバーを束ねる L2 スイッチを配置するほうがいろいろな面で柔軟性があると考えています。

　このように、本章ではサーバーの歴史的背景と、その構成や製品のコンセプトを記載し、コストへの考え方としてまとめました。最近ではクラウド化が進んでいますが、クラウドを支える技術として今後も成長していく分野なので、どのように変化しているのかは継続して注目が必要です。クラウドではハードウェアを意識しなくてすみますが、クラウドをうまく使いこなすには裏側でどのようなハードウェアになっているかを推察する必要があり、サーバーの分析はそれらに対して大いに役立ちます。

第 10 章

仮想化でリソースを
効率的に扱う

見積もりとコントロールがうまく できないから仮想化が必要になる

　私は、仮想化は「真面目にやっていてもうまくシステムをコントロール できないエンジニアが楽をするツール」だと思っています。その本質を理 解するための内容を以下で記載していきます。

「とりあえず見積もりは 1.5 倍にしておこう」と考える 罪深きエンジニアたち

　システム設計をしたことのある人ならたぶん経験があると思いますが、 「何かあるとヤバいから、とりあえずこの見積もりは 1.5 倍にしておこう」 と考えることがあります。1.5 倍でなくても 1.2 倍でも 2 倍でもいいので すが、そういう発想を使うことは多いと思います。ただ、このような発想 は大きな問題を含んでいます。インフラはレイヤー構造になっていますが、 各レイヤーが分業されていると、それぞれの担当が同じようなバッファを 積んでいることがあります。

　たとえばデータベースのモデリング担当は、自分のレイヤーを基準に考 えるので、テーブル設計をする時に多少多くのレコードを入れても大丈夫 なように設計します。テーブルの件数を見積もるときに 1.5 倍にしておこ うなんて話はよくあるのではないでしょうか。ミドルウェアの構築担当も 同様に自分のレイヤーを基準に考えるので、同じようにデータ格納領域 にバッファを積むことが考えられます。Oracle DB であれば、表領域の見 積もりをする時に、多少テーブルが増えても大丈夫なように 1.5 倍にする こともあると思います。さらに、OS の領域を設計する人は、後からデー タが増えても大丈夫なように、サイズを 1.5 倍で見積もることもあります。

加えて、ケースによってはストレージの物理ディスクを見積もる時にも容量を 1.5 倍することが考えられます。テーブル設計、データベースの設計、OS、ハードウェアまでを 1 人で設計していれば問題は起きにくいと思いますが、システム数が多かったり規模が大きくなると分業することになるので、このような事象が発生しやすくなります。

　少し極端な例になりますが、テーブル設計、データベースの設計、OS、ハードウェアをそれぞれで 1.5 倍すると、

$$1.5 \times 1.5 \times 1.5 \times 1.5 \fallingdotseq 5$$

になります。つまり、本当に必要な量を 1 とすると、見積り結果は 5 倍になってしまうのです。1.5 倍ならまだいいですが、心配性な人が 1 人でも 2 倍にすると、その容量はさらに増えてしまいます。

◎分業すると、余剰が余剰を産んでしまう

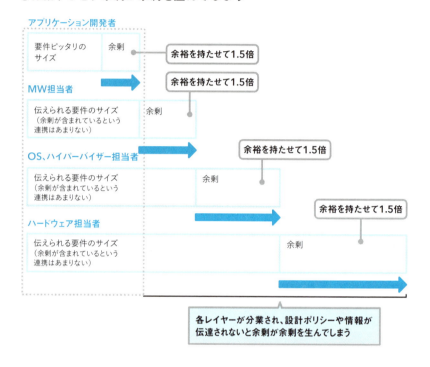

なぜ、ムダに気づきにくいのか

　これだけ無駄を生む要素があるのですが、実際にはこの無駄は気づきにくい問題もあります。たとえば、物理ディスクに対して実際のテーブルで使っている容量を確認するのはかんたんではありません。物理ディスク（ストレージ）からわかるのは、OS が使用している量になります。実際にはOS がフォーマットしたサイズがディスクから見た使用領域になりますが、フォーマットした領域をすべて使っているわけではありません。さらに、OS の領域にデータベースのデータファイルを配置した場合、OS から見える容量はデータファイルのサイズです。ところが、データファイルも同

じように先にフォーマットしているので、OS から見ただけではどれだけ使われているのかがわかりません。多くのデータベースは、OS 上のデータファイルを論理的に束ねて、仮想的な領域を作ります（Oracle DB でいえば表領域です※）。仮想的な領域の使用率がテーブルサイズになるかというと、実際にはそうではありません。データベースであれば追加・更新・削除を繰り返しているので、たいていの場合は断片化（虫食い）状態になっています。情報の取り方にもよりますが、断片化されている状態を考慮しないと、本当に使われているサイズはわかりません。

> ※レイヤーや設定によっては、使われるタイミングや使われそうなタイミングなどで領域を確保することがあります。物理的な使用率を確認するには、そういう動作の理解も必要になります。

　見積もりと同じように、インフラのレイヤーごとに情報の取り方はバラバラになっていて、すべてを通して確認するのは非常に困難です。そのため、実際には多くの無駄があっても、気づくこと自体が難しくなっています。皮肉にも、厳密に考えればすごく無駄がある状況になっていても、気づけないことでその問題が表面化せず、うまく運営できているように思っているシステムが多いと思います。

一番無駄が入りやすいのがバックアップ

　こういう無駄は、まだまだあります。私が多くのインフラを見てきて一番無駄が入りやすいのがバックアップです。酷いものでは、10 世代保管というものを見たことがあります。1 週間を 5 営業日と考えて 2 週間分になりますが、そんなバックアップを使うことがあるのでしょうか。
　バックアップは、本質的には 1 世代でいいのです。「何かあった時のために、せめて 2 世代は取っておこうよ」なんて会話もよく耳にしますが、

第 10 章　仮想化でリソースを効率的に扱う　239

その"何か"とはどういう状況なのでしょうか。物理破損と論理破損を心配しているなら、それぞれのリスクを分析すべきです。そのうえで、2世代取るなら必要な領域が2倍にならないようにすべきです。

　よくあるバックアップ設計として、「週末にフルバックアップを取り、日次で差分バックアップを取る」ことが考えられますが、それを2世代取ると、2週間分になります。1週間分をリカバリするのも大変なのに、2週間も前に戻ったらとんでもないことになります。現実的な運用を考えると業務停止時間も長くなりますし、アプリケーションとして自動的に処理を再現できる仕組みがなければ戻すことはできないと思います。論理的には2週間の仕事をやり直すのと同じことになります。つまり、リカバリ設計次第ですが、「念のため」の2世代前のバックアップは現実的には使えないものである可能性が高いと思います。

　このように、システム全体の設計を確認すると、いたるところに無駄があることに気づきます。私はこのことを「エンジニアが犯す罪」と考えています。もちろん悪意があるわけでもありませんし、基本的にはよかれと思って設計した結果なのですが、それが積み重なると、知らず知らずのうちに問題を生んでしまうのです。その問題は、結果的にシステムリソースの買いすぎにつながり、会社全体で見ると大きな損失になります。

コラム：ハードとOSの分断も仮想化のメリット

　仮想化を導入することによって得られる重要なメリットがもう1つあります。それは、EOS（End Of Service）のタイミングを分断できることです。
　システムはおおむね5年を目安に運用されますが、その後はハードウェアの保守切れをきっかけに更改をおこなうことが多いと思います。そのタイミングで、OSやミドルウェアの大幅なバージョンアップをおこなうことが多いでしょう。本来、ハードウェ

アの EOS と、OS やミドルウェアの EOS のタイミングをいっしょにする必要はありません。ハードウェアは物理的な限界があるので仕方のない部分がありますが、ソフトウェアは劣化しないので、更改する要因としては新しい機能の活用やセキュリティ要件で必要に迫られるケースが考えられます。つまり、現状の動作に問題がなく、特に要件がなければ、ソフトウェアはバージョンアップする必要もないことになります。

システムによって、バージョンアップしたほうがいいものと、そうでないものに分かれると思います。「変化が求められるシステムと、求められないシステム」といったほうがいいかもしれません。そのため、要件によって考え方が変わりますが、仮想化を導入しないと、一律ハードウェアの EOS に合わせて更改が必要になります。ハードウェアがサポートする OS に制限があり、ミドルウェアのインストール要件になる OS にも制限があるので、ハード→ OS →ミドルウェアと芋づる式に変更することになります。その連鎖を断ち切ることができ、自分たちのビジネスのタイミングでソフトウェアをコントロールしやすくなるのが、仮想化のメリットの 1 つだと思います。

なお、厳密には CPU の世代（アーキテクチャ）でソフトウェアの動作が変わってしまう可能性があります。多くの場合は仮想化製品が吸収してくれますが、ハードウェアの中でも CPU とソフトウェアの依存性は念のため確認しておくことをおすすめします。

買いすぎるのは見積もりが下手だからか？

そもそも、人はなぜ多めに見積もってしまうのでしょうか。理由はかんたんで、リソースが足らなかった時の対応が面倒なのだと思います。足ら

第 10 章　仮想化でリソースを効率的に扱う　　241

なくなれば「見積もりが甘い」と怒られるかもしれませんし、それが原因でトラブルになったら大変です。さらに追加しようと思っても、物理的に余裕がなければ、追加購入のための稟議などの手続きに手間もかかります。さまざまな面倒なことがあるので、ついつい余裕を持つようにしてしまうのです。

「面倒なので多めに購入する」というのは、週末に食料品をまとめ買いするのに似ています。全部使いきれればいいですが、しばしば腐らせてしまいます。スーパーが自宅マンションの1階にあれば便利なので買いすぎないかもしれませんが、歩いて時間がかかるところにあるのならばまとめて買ってしまおうと思うかもしれません。特に週に1回車で買いに行くスタイルだと、量も増えますし、無駄になるリスクも高まります。コストコのような大型スーパーを利用する人は、つい多く買ってしまう経験があるのではないでしょうか。食料品だと腐るので、買いすぎたものは捨ててしまいますが、システムの場合は使えないリソースにも数年は保守料がかかります。そのため、1.5倍の見積もりは、投資だけではなく、経費（ランニングコスト）にも影響してしまいます。腐った食料品を数年間冷蔵庫に眠らせるようなものです。

買いすぎを解決する3つの方法

　このように買いすぎてしまうには理由がありますが、アプローチを変えないと問題の解決は難しいと思います。以下の方法がポイントになります。

①発想の転換で「そもそも見積もりなんて正確にできない」と認識する
②見積もりの変更に伴うリソース変更を容易にできる仕組みを導入する
③見積もりで多くのリソースを必要としても、使わないならほかで流用してしまう

①発想の転換で「そもそも見積もりなんて正確にできない」と認識する

　これが一番大切です。システムの利用者はその時に応じて増減しますし、データの量も変化します。ビジネスの状況によっても変わるでしょうし、景気にも左右されます。金融系のシステムであれば、株価や為替などの指標によっても変化することがあります。つまり、要求されるリソースは常に変化するのです。

　見積りの正確性を追求しようとすることは、その週の献立を完璧に見通せないのにコストコで必要なものをピッタリ買おうとするようなものです。急な予定が入って外食するかもしれないので、ある程度の変化を受け入れる必要があります。

②見積もりの変更に伴うリソース変更を容易にできる仕組みを導入する

　食料品の買い物であれば、必要最低限のものを購入し、不足した時には必要なものだけをコンビニで買うほうが合理的ともいえます。システムの場合はコンビニで買えないので、工夫が必要になります。工夫するには、大きく2点の考慮が必要になります。

・社内の手続きへの考慮
・技術的に可能とする考慮

　技術的な考慮で必要になってくるのが仮想化ですが、くわしくは本章の後半で記載していき、ここでは社内のほうに着目します。

　多くの会社では、何かを購入する時には稟議を起票します。会社が大きくなれば、稟議の決裁や購入のための手続きには時間がかかります。その手続きの負担は大きいので、無駄がないようにこまめに買い物をしすぎると、システムリソースの無駄はなくなりますが、手続きの無駄が発生してしまいます。毎週リソースの状況を見直して、都度稟議を記載する運用はさすがに厳しいでしょう。おすすめとしては、半年に1回くらいのレベルだと思います（社内手続きの手間と、価格交渉のしやすさも含めて検討す

るのがいいと思います）。半年に 1 回の購入を集約すると、手続き面も合理的になりますし、ある程度購入単位をまとめられるのでボリュームディスカウントの交渉もしやすくなります。プライベートクラウド化を進める会社では、このような社内ルールとの整合性も必要になってきます。

③見積もりで大きなリソースを必要としても、使わないならほかで流用してしまう

これも同様に社内手続きと技術的な確認が必要ですが、すでに存在するリソースで、何かを買い足すわけではないので、社内ルールの整備はしやすくなります。むしろ、すでに動いているシステムからリソースを削ることになるので、技術的な確認のほうが重要です（ここでも仮想化の技術を使うことになるので、本章にて後述します）。

まとめると、大切なのは

・**正確な見積もりはできないと認識する**
・**固定のリソースではなく、追加と削減ができるようにしておく**

ということになります。後者のほうを仮想化の技術で実現していきます。

リソースをリニアに
追加・削除するときの注意点

　正確な見積もりが困難であるため、「後からかんたんに変更できるようにする」ことと「買いすぎてしまったリソースを無駄なく使う」ことという2つのポイントがありました。いずれのケースも、仮想化の技術で解決できます。

　コンピューティングリソースを極力シンプルに考えると、3つの要素に集約できます。

・CPU
・メモリ
・ディスク（ストレージ）

　ネットワークもリソースと考えることもできますが、今回はサーバーの仮想化をテーマにしているため、除きます。仮想化を考えるうえで重要なのは、これらのリソースが変化することを見越してシステム全体を設計しておくことです。

CPUリソースは柔軟に変更しやすい

　まず、仮想化しているOSに対してCPUを追加するケースを考えます。CPUの追加は最も対応しやすいと思います。OSに対しては、一度停止して、割り当てるCPUを増やすだけです。再度OSを起動すると、ほとんどのOSは何もしなくても追加されたCPUを認識します。そこから先は、ミドルウェアやアプリケーションの動きにケアする必要があります。

第10章　仮想化でリソースを効率的に扱う　245

CPUを追加したくなる時は、CPU使用率が高い時でしょう。使用率が高くて追加する時には、アプリケーションのタイプによって注意が必要です。シングルプロセス、シングルスレッドのアプリケーションで、そのアプリケーションがCPUリソースを占有していて、システム全体を圧迫しているのであれば、追加した時に効果がある可能性があります。たとえば、CPUが1コアで100％だった時に、もう1コア追加すると、ほかのプロセスやスレッドが処理できるようになるので、多少処理が緩和されるはずです。注意が必要なのは、シングルプロセス、シングルスレッドのアプリケーション自体のスループットはほとんど変化しないことです。CPUコア自体の性能が向上すれば変化しますが、コアが増えたところで1コアあたりの処理量は変わらないからです。

　一方、CPUリソースが枯渇していて、アプリケーションがマルチプロセスやマルチスレッドで組まれている場合は、効果を得やすくなります。マルチプロセス、マルチスレッドのアプリケーションは元々同時実行することが前提で設計されているため、CPUが追加されて空きがある状況になれば、自然とそのリソースを使うことができます。カーネルパラメータで動作を制限するチューニングをしていなければ、特に何もせずに効果を享受できると思います。

　そのため、CPUの追加に関しての考慮事項は

・シングルプロセスやシングルスレッドのアプリケーションのスループット
・コアをOSに認識させるために一度停止する

くらいでいいことになり、ほとんど設計上考慮をしなくても対応がしやすいものになります。

　なお、まれにですが、CPUのコア数によってミドルウェアの設定項目が自動で変化するものがあります。私が経験したケースは、ミドルウェアが1コアあたりのメモリ割り当てを自動計算していたもので、CPUのみ

◎ CPU が追加された時に処理にかかる時間はどう変わるか

CPUを占有するような長い処理（バッチ系の処理）がある場合

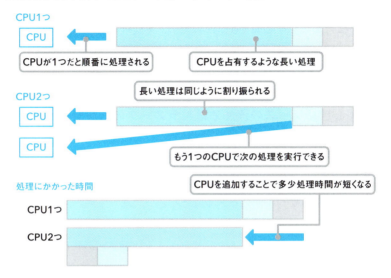

CPUを占有するような長い処理がなく、短い処理（オンライン系の処理）が多い場合

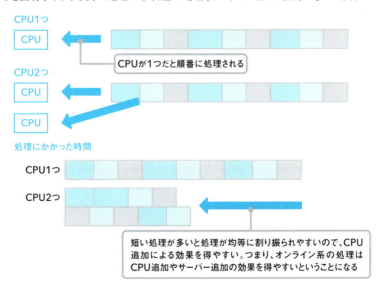

を追加した時に、1 コアあたりで使用できるメモリサイズが減ってしまい、トラブルになったことがあります。このような動作をする製品はかなり少ないと思いますが、CPU だけを増強する時にはシステムのバランスが崩れているため注意が必要です。念のため、動作確認はおこなったほうがいいでしょう。

メモリリソースの追加ではパラメータの再設計、再設定が壁

　CPU と比較して少し対応に手間がかかるのが、メモリの追加です。メモリも、作業自体は OS を停止してメモリ割り当てを追加し、起動すれば、あとは OS が自動的に使えるメモリサイズを認識します。メモリが枯渇するとスワップしたりしますが、それが原因でシステムが遅くなっているのであれば、メモリを追加するだけで改善する可能性がありますし、特段考慮も必要ありません。

「メモリの追加は少し手間」と記載したのは、動作するミドルウェアやアプリケーションが独自に使用できるパラメータを指定しているケースです。データベースなど、システムのバランスを考えて共有メモリなどのサイズを設定することがあります。設定している場所も、OS のカーネルパラメータやデータベース側など、複数のレイヤーに対しておこなっている可能性があります。つまり、OS のメモリの追加に合わせて、複数のパラメータを再設計、再設定する必要があります。

　この再設計、再設定は、リニアにリソースを追加しようと思った時の壁になります。もちろん再設定すればうまく動くので、手間を惜しまなければ対応できますが、その作業が頻繁にあれば大変ですし、管理するサーバーが多ければサーバー台数分作業する必要があります。そのため、理想的には OS を停止してメモリ割り当てを追加し、再度起動したタイミングでそれらのパラメータも自動で変更されるように設計する必要があります。自動で変更するには、以下の方法が考えられます。

- 設定を自動で書き換える
- ミドルウェア側の自動設定の機能に頼る

　自動で書き換えるには、作りこみが必要になります。対応としては、ミドルウェアの自動設定機能に頼るほうが楽ではありますが、自動設定にするとトラブルが発生するリスクもあります。

　基本的に、堅いシステムを構築しようと思ったら、1つ1つのパラメータを理解し、最適な値で固定するほうがいいと思いますが、その分、保守の効率は下がります。安定と効率はトレードオフの関係にあるので、使う自動設定機能をしっかりと見極める必要があります。

　第6章の標準化の部分でも記載しましたが、ミッションクリティカルなシステムのようにすべてのパラメータをチェックして固定するほうが設計は楽です。手間はかかりますが、固定してしまえば、それ以上の考慮は必要なくなります。むしろ、標準的な設計をしようとすると、ケースによっては自動機能に頼らざるをえない部分があります。システムによって要求するリソースが異なるため、その差を吸収するために自動設定を使う可能性があるからです。しかし、自動設定を使って標準設計をおこなうと、さまざまなケースでも安定して動作することを保証する必要が出てきます。「ミッションクリティカルなシステムの設計よりも、標準設定を設計するほうが難しい」と記載したのは、このような部分に理由があります。

　そのため、メモリの設計に関しては、使用するメモリサイズを固定しているアプリケーションがあれば、考慮が必要になり、難易度も上がることになります。仮想化の良さを引き出し、リソースをリニアに変化させるには、OSに対してのメモリ追加の内容が、その上で動くアプリケーションに自動的に反映されるように設計することが重要になります。

ディスクの追加ではレイヤーごとの設計を確認

　リソースの追加で最も面倒なのが、ディスクの追加になります。罪深き
エンジニアたちの話でも記載しましたが、考慮すべきレイヤーが多いから
です。ハードウェア層から確認していきますが、大量データを格納するモ
デルケースとしてはやはりストレージを利用するデータベースになると思
いますので、その構成で記載します。

　まず、ストレージレイヤーからです。詳細は次章で記載しますが、物
理的な HDD を束ねて RAID グループを作成し、その RAID グループをさ
らに論理分割して、LUN（Logical Unit Number）を作ります。LUN が、
OS から見るとデバイスとして認識できる領域になります。

　OS は、認識したデバイスをフォーマットして使える状態にしますが、
それは単純にベアメタルで OS をインストールする場合です。VMware な
どの仮想化製品を使った場合には、もう 1 層仮想的なディスクグループ
が入ります。逆に、OS 上にボリュームマネージャを入れて RAW デバイ
スアクセスする場合は、ダイレクトにデバイスを管理します。

　OS が認識できたら、その後にデータベースの格納ファイルを作成しま
す。ケースにもよりますが、データベースは OS 上のファイルを複数束ね
て、テーブル格納領域を構築します。関係性を下図で整理します。

　単純にディスクを追加するといっても、これだけのレイヤーがあります。
パターンとしては簡略化して書いた部分がありますが、いずれにしてもア
プリケーション（今回の例ではデータベース）から見て領域を追加するに
は、これだけの層でリニアに容量を変化させる必要があるのです。

　さらに気づいていただきたいのは、いろいろなレイヤーで仮想ボリュー
ムの考え方を持たせているところです。単純化のため OS の部分は省略し
てしまいましたが、Linux であれば LVM を使ってさらに仮想化すること
もできます。管理を単純化するには仮想化は何層もバラバラにおこなう必
要はなく、かえって非効率になります。そのため、「どのレイヤーの仮想

◎ OS からディスクまでのレイヤー構造

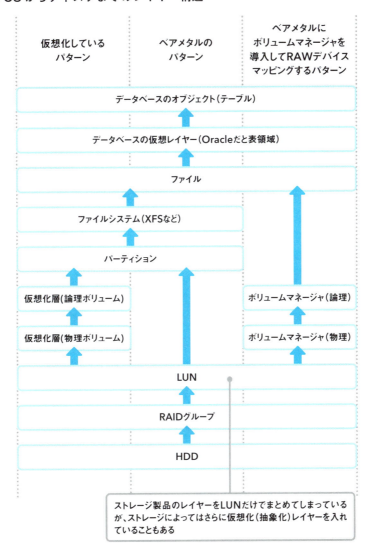

化技術でボリュームを仮想的に管理すべきか？」をはじめに設計し、ほかで無駄な管理をおこなわないようにする必要があります。

コラム：たくさん使えていそうで使ってない技術

すでに記載したようにディスクはレイヤーが複雑ですが、さらに厄介なのが、利用者に割り当てている領域と実際に使う領域が異なっているケースです。代表的な技術としては、シンプロビジョニングになります。OS が利用したい領域が 1TB で、実際に100GB しか使っていない場合、通常であれば 1TB を割り当てているので、900GB は空き領域ですが、1TB 使っていることになります。ところが、シンプロビジョニングの技術を使うと、「OSは 1TB もらっているつもりだが、実際には物理領域を使わない」ということが可能になります。

加えて理解を難しくさせているのは、このような動作をする技術がすべてシンプロビジョニングと呼ばれているわけではないところです。たとえば、Oracle DB で利用している ASM も同様の動作をすることがあります。意図して使わなくてもそのような動きになっていることもあるので、実際にシステムを構成するレイヤーごとの製品で、どのような動作をしているかを実験して確認するのが重要です。

なお、シンプロビジョニングのような動作は、「ディスクの利用効率」という意味では非常に優秀ですが、性能の観点では問題になることがあります。1 つは、処理の集中です。技術的には無駄なく詰め込むための技術なので、詰め込まれた側からすると高負荷が重なった時にうまく動作しない可能性があります。もう 1つは、実際の領域確保での性能劣化です。あらかじめ確保された領域を使うのと、使う時に新たに確保するのでは、性能に差が出ます。そのため、シンプロビジョニングを使う場合は、性能にケアする必要があります。

集約率を高め、
効果的に仮想化するには

仮想化するなら鼠小僧になろう

　さて、これまでシステムを設計する側の心理（余裕を持たせたい心）とレイヤーごとの関係性について触れてきました。システム全体を効率よく設計するには、これらの心理を汲み取って、かつ全体最適化できる設計をしなければなりません。

　私の経験的に、「余裕を持たせないでキッチリ設計してください、足らなくなっても大丈夫です」とどんなに説明したところで、必ず余裕を持たせてしまいます。人によって保守的な人と、そうでない人がいますが、多かれ少なかれ余裕を持たせてしまいます。加えて、システム担当者が余裕を持たせずに正直に設計したとしても、要件を出すユーザーが余裕を持たせてしまうケースもあります。

　余裕ではなく「目標が高すぎて、結果的に無駄」ということもあります。ユーザー部門は、ビジネスとして儲ける仕組を考える必要があります。そのため、時として達成できないような目標を設定してしまうのです。たとえば、毎年20％アップの売上目標を立ててしまったとします。その場合、システムリソースは毎年20％増加する可能性が出てきます。5年で考えた場合、

$$1.2 \times 1.2 \times 1.2 \times 1.2 \times 1.2 = 2.49$$

となります。初年度の約2.5倍の目標など、冷静に考えると達成できる保証はありませんし、5年の間に景気が悪くなって結果的に1.5倍程度に落

ち着くかもしれません。そうなると、2.5 − 1.5 = 1.0 の分が無駄になります。

　ただ難しいのは、ユーザーであってもこれが無駄になるかどうかはわからないことです。システムサイドとしてはユーザー要件が 2.5 倍のものを勝手に 1.5 倍に下げることはできませんが、そこに踏み込まないとコストは下げられません。勝手に減らすだけでは問題になってしまうので、いろいろなテクニックで下げていく必要がありますし、その仕組みはユーザーにも説明しておく必要があります。

　効率を高めるには、オーバーコミット（物理リソース以上のリソースを割り当てる）を駆使する必要があります。オーバーコミットしつつ、うまく余剰を管理するということは、サーバーの在庫管理をうまくおこなえていることになります。経験的にですが、大口の客（大きいシステムの利用者）はお金持ちなので、大きくリソースを確保しがちです。お金持ちだとその分無駄も多くなるので、そういうところからリソースを再利用してしまうのです。その仕組みは、義賊とされた鼠小僧のようです。大名屋敷にため込んでいる金貨を盗んで、世間にばらまいて循環させるイメージです。実際の鼠小僧が小判をばらまいたという事実はないようですが、システムでも大きなシステムの余剰リソースを集めると、小さいシステムがいくつか作れるくらいになってしまうので、うまくコントロールすることが重要です。システム全体を考えて仕込んでおく仕組みは、考え方として以下の 2 つに集約されます。

・N ＋ 1 方式にする
・オーバーコミットする

N ＋ 1 方式でサーバーの稼働率を上げる

　N ＋ 1 の方式は、システムのいろいろなところで導入される考え方です。ストレージなら、ディスクの RAID5 が相当します（RAID4 のほうがより

正確ですが、概念的には知っている人の多いRAID5でかまいません）。サーバーの仮想化では、物理サーバーを構成する時に使用します。下図は、サーバー2台でHA構成を組むときと、5台で余剰を組むときの構成です。

◎ **サーバー2台でHA構成を組むときと、5台で余剰を組むときの構成**

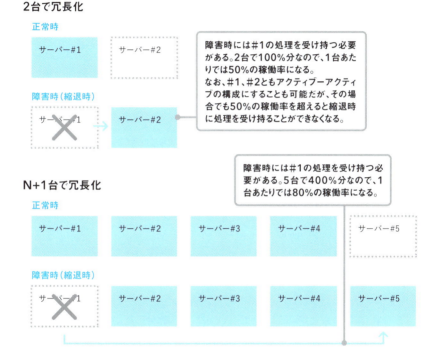

サーバー2台の時は、稼働率は最大でも50％になります。一方、5台で組んだ場合は、80％まで稼働率を上げることができます。50％の時と80％の時とでは、稼働率は1.6倍になります。VMwareなどで管理する場合は、このようにサーバーをクラスタ化してN＋1の構成にすることで、ベースとなる基盤の稼働率を上げます。なお、サーバー10台だと稼働率が90％に上がりますが、あまり台数を多くすると二重障害の発生する可

第10章　仮想化でリソースを効率的に扱う　　255

能性が上がってしまうので、注意したほうがいいと思います。

オーバーコミットしてリソース効率を上げる

　このように物理サーバーの稼働率を上げて極力無駄のない構成になったら、次は1つのサーバーの中の稼働率を考えます。下図は、1つのサーバーに A～E のシステムを詰め込んだ時の CPU 使用率になります。

◎オーバーコミットしない場合とした場合の稼働率の違い

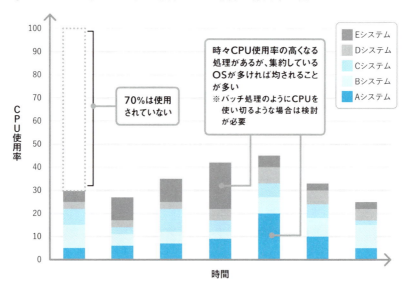

　各ゲスト OS の合計の CPU 使用率が 30％だった場合、全体で 70％の余裕があることになります。すべてのゲスト OS のピークがまったく同じタイミングになるのであればオーバーコミットすることはできませんが、そのような可能性はかなり低いのが実情です。
　オーバーコミットの議論をすると、特に保守的な人はユーザー要件の積

み上げの議論をしたがりますが、現実的にはユーザー要件にも余裕が入り込んでしまうことが多く、現実的な見積もりはできません。そのため、70％の余裕のどこまでを削りにいくのかは、実際の使用率をベースに議論したほうがいいと思います。もちろん、余裕を0にするのは危険です。70％が使われないのであれば（使用率は30％）、使用率60％を目指すだけでも、倍のリソース効率を出せます（余裕率が40％）。使用率を30％から60％に上げられれば、インフラコストが半分になることになります。

必要とされるリソース配分よりも
メモリを多めに搭載したハードを選ぶ

さて、これまでも「システムはバランスが重要」という話を何度かしてきました。システム全体を見てボトルネックになる部分は、オーバーコミットしないほうが賢明です。そのため、どこを詰め込んで、どこを守るかの判断が重要です。

サーバーの仮想化の場合、CPUはオーバーコミットをおこない、メモリはおこなわないほうがいいでしょう。開発環境や、SLAが低い場合はメモリもある程度オーバーコミットできますが、安定して運用したい場合は避けたほうがいいと思います。もちろん、メモリも常に100％の使用率で動くことはないと思いますが、足らなくなった場合は仮想化レイヤーでスワップが発生するので、そうなると使い物にならないくらいスローダウンするリスクがあります。CPUが物理的に枯渇するよりも、メモリの枯渇のほうが深刻です。

つまり、集約率を高め、効果的にサーバーの仮想化をしようと思うのであれば、必要とされるリソース配分よりもメモリを多めに搭載したものを選ぶべきです。たとえば、CPU1コアでメモリ4GB程度のゲストOSが多いのであれば、CPU1コアに対してメモリが倍以上のものを選ぶといいことになります。そのため、サーバーとしては16コアの場合、メモリは

第10章 仮想化でリソースを効率的に扱う　257

64GB ではなく 128GB を選択すべきです。このようにして、メモリを安定させて CPU の集約率を高めるのが、安定した仮想サーバー運用のポイントになります。

　さらに、この構成には副次的な効果もあります。それは、ソフトウェアのライセンスを削減できることです。Oracle DB のように物理 CPU に課金される場合、CPU の集約率を高めることは、そのままライセンスコスト削減につながります。先ほどの例の場合、CPU 使用率が 30％だったものを 60％に引き上げられれば、ライセンスコストも半減したことになります。

　なお、データベースサーバーの場合は、普通のサーバー以上にメモリが重要です。キャッシュとして活用するためです。私は過去に、CPU1 コアに対し、40GB 以上の物理コアを搭載するサーバーを選択したこともあります。

コラム：コンテナ化にはシステム設計の整理が必要

　コンテナ化を考えるうえで整理しておく必要があるのが、システム全体の設計です。ハイパーバイザー型の仮想化は、ハードウェアと OS の間に 1 つレイヤーが増えるだけで、システムの構築方法には大きな影響を与えませんでした。そのため、仕事の役割の見直しをおこなわずにすんだことから、テクニカルな問題が解消すれば移行しやすい特徴がありました。一方、コンテナ型はハイパーバイザー型よりもアプリケーションのデプロイを意識します。よって、マイクロサービス化や DevOps などとも相性がいい反面、これまでの仕事のやり方や役割を見直す必要が出てきます。
そのため、ハイパーバイザー型の仮想化はインフラ担当がある意味勝手に進められましたが、コンテナの活用はアプリケーションレイヤーとセットで検討しなければなりません。そのため、システム開発の体制やプロセスを見直す議論をしておくことが賢明だと思います。

インフラ担当からすると、ウォーターフォール型の開発とアジャイル型の開発のどちらでも対応できるようにしておきたいのですが、開発プロセスとしては水と油の部分があるので、今後の課題として検討すべき項目になると思われます。

第 11 章

ストレージを
効率的に使い切る

ブロックストレージの投資対コスト

　ストレージは、大きくブロックストレージ、ファイルサーバー型ストレージ（NASと呼ばれたりします）、オブジェクトストレージに分類されます。まずはストレージの王道でもあるブロックストレージを中心に解説し、その後にNASやオブジェクトストレージに触れていきます。

デファクトスタンダードのベンダーを比較のベースにする

　ブロックストレージ（以下ストレージと記載）は、おおよそハイエンド、ミドルレンジ、ローエンドに製品を分けられます。製品によってはハイエンドとミドルレンジの中間、ミドルレンジとローエンドの中間というものもあります。また、ストレージベンダーがハイエンドといっていても、中身は微妙に異なるものもあるので、そのまま信用せずに、ハイエンド、ミドルレンジ、ローエンドの区分は自分で判断すべきです。

　とはいえ、調査するうえで、ある程度の指標は必要になると思います。そういう時は、ガートナーなどのレポートを使用するのも1つですが、デファクトスタンダードのベンダーを比較のベースにするのも有効だと思います。たとえば、DELL EMCだとハイエンドはSymmetrixシリーズ（DMXからVMAX）、ミドルレンジはCLARiiONシリーズ（日本語名だとCLARiXで、CXシリーズからVNX）と明確にランク分けされています。最近では各ベンダーからオールフラッシュストレージも出てきているので、それらをどのカテゴリに位置づけるかは確認が必要ですが、最大企業でもあるDELL EMCのラインナップを意識して整理すると、ほかのベンダーの対抗製品を確認しやすくなります。製品調査する時にも、「この製品は

VMAX、VNX のどちらに相当しますか？」と聞くと、いろいろ聞き出せます。ストレージに限った話ではなく一般論ではありますが、トップシェアの会社をそれ以下の会社は必ず意識して研究しているものなので、そういう意味でも比較軸にしやすくなります。

ブロックストレージの基本機能

　ハイエンド、ミドルレンジ、ローエンドのそれぞれでどれを選択すべきかは難しい問題だと思います。基本的に、ミドルレンジであれば SPoF がない製品が多くあります。そのため、言葉としての整理、たとえば「故障した部品があった場合、ストレージは止まってしまいますか？」などでは製品の良し悪しはつかめません。第 2 章でも記載しましたが、製品の理解が重要になります。

　ストレージはディスクの集合体ではありますが、実際には高度な機能が盛り込まれているサーバーです。以下に基本的なブロックストレージの機能を列挙します。これらの機能をベースに、ハイエンド、ミドルレンジの違いを見ていきたいと思います。

・ディスク I/O 処理
・キャッシュの管理
・コントローラー切替（ネットワークインターフェース含む）
・書き込み内容の整合性管理
・ディスクの故障管理
・スナップショット
・レプリケーション
・帯域制御（QoS）
・データ圧縮
・重複排除

・データ保全（暗号化、改ざん防止など）
・仮想ボリューム化・シンプロビジョニング

ハイエンドストレージが優れているのは
ディスク I/O 性能と信頼性

　これらの中で特にハイエンドストレージが優れているのは、一番基本となるディスク I/O 性能と、ストレージ全体の信頼性です。

I/O 性能

　多くのストレージにおいて、コントローラーあたりで処理できる IOPS が設定されています。ハイエンドストレージほどコントローラー単体の性能が良く、数も多く搭載できます。つまり、拡張性があります。逆にミッドレンジのストレージは、コントローラーが 2 台というケースが多くなりますし、拡張してもあまり増やせないことがあります。

　コントローラーを追加した場合、多くのストレージでは性能が向上します。コントローラーが増えると、搭載できるディスク本数を増やすことができるのですが、搭載ディスク本数が増えることによって同時にアクセスできるディスクが増えるので、I/O 速度も向上します。よく、「速度をスピンドル（HDD などの回転軸を意味します）で稼ぐ」とも言います。このように、ハイエンドストレージは、ミッドレンジと比較して性能に大きな差が出ます。

信頼性

　ハイエンドストレージもミッドレンジストレージも、1 つのパーツが故障しても稼働し続けられるものがほとんどです。ただ、ハイエンドストレージのほうがより故障に耐えうる品質や予備部品を備えていることが多く、さらに壊れても活性保守できるパーツが多いのも特徴です。ひと言で

いえば、「壊れにくく、壊れても交換しやすい」ものになります。特に差が出るのは、キャッシュに対しての機構です。ミッドレンジはコントローラーごとに分割されているイメージのものが多いですが、ハイエンドは共有しやすい構造になっていて、さらにそのメモリアクセスがメッシュ構造になっています。そのため、信頼性を確保しつつ、性能も良くなります。

また、ストレージの場合、read キャッシュだけでなく、write キャッシュの機能を持っているのが一般的です。write キャッシュのデータは、ホスト（ストレージを利用するサーバー）からアクセスを受けた時にディスクに書き込まず、一時的にメモリ上に記憶させるものになります。メモリ上にデータを載せて、ホストに対しては応答（Ack）を返します。そのままの状態で万が一コントローラーが停止した場合、キャッシュ上のデータは失われます。ストレージの特性上、データロストは最もあってはならないトラブルです。そのため、どのストレージにもキャッシュを守る機能が搭載されています。必ずしもすべてのハイエンドとミッドレンジで分かれる機能ではありませんが、よく見られる仕組みを紹介します。

まずハイエンドですが、万が一電源が失われてコントローラーがダウンしそうになると、ホストからのすべての処理を受けつけず、内部バッテリーでキャッシュ上のデータを緊急退避用のディスクに書き出して停止します。一方、ミドルレンジのストレージのほうはそのような緊急退避はおこなわず、搭載したバッテリーでメモリに電力を供給して守る動きをするものがあります。多くのものが数十時間（およそ 3 日程度が多いと思います）は電源がなくても守られますが、バッテリーの限界を超えるとデータは失われます。どちらもよく考えられているとは思いますが、ハイエンドのほうがよりお金をかけて安全な仕組みを導入している一例になります。

書き込み内容の整合性管理、
ディスクの故障管理はそれほど差がない

　逆に、ハイエンドとミドルレンジにあまり差がない部分はどこでしょうか。信頼性の一部ではありますが、書き込み内容の整合性管理、ディスクの故障管理は、それほど差がありません。

　書き込み内容の整合性を保つ一番の機構は、RAID です。RAID はハイエンドとミドルレンジで差が出るというよりは、ディスクグループの組み方で差が出ます。そのため、同じような RAID 方式であれば、そこまで信頼性に差が出ません。また、データの耐障害性のためのチェックサムを付加することもありますが、その部分もそこまで大きな差はないと思います。チェックサムを複数組み合わせる製品もあり、そういうもののほうが耐障害性は上がりますが、ミドルレンジの製品にも搭載されていることが多いと思います。

　ディスクの故障管理についても、そこまで差はないと思います。一般的に、ディスクの管理は次のいずれかに分かれます。

・S.M.A.R.T. 機能（Self-Monitoring Analysis and Reporting Technology）
　などの管理情報を累積して把握するもの
・実際にディスクを舐めて確認するもの

　実際にストレージ製品は S.M.A.R.T. 機能をそのまま使っているわけではなく、独自のノウハウによって機能を追加していると聞きます。データロストしないことが最も重要なので、このあたりの実装はなかなかわかりません。なお、2007 年の Google の論文で「Failure Trends in a Large Disk Drive Population」というものがあります[※]。結論としては、この論文では「S.M.A.R.T. 機能と故障の因果関係は認められなかった」ということなのですが、内容としては非常に興味深いものでした。ストレージベ

ンダーはこれ以上のノウハウを持っているのかどうかもわかりませんし、Google の研究も 2007 年だったので、もしかすれば今の解析技術によって新しいものが見つかるかもしれません。いずれにしても、いくつかのストレージを使っていて、「ハイエンドだから検知が多い」ということもないので（まったく同条件で比較できていませんが）、実際にそこまで差がないように思います。

※ https://research.google.com/archive/disk_failures.pdf

　ディスクの全容量を舐めていきながら故障を確認する機能も、製品によって機能名は違いますが、おおよその動作は同じです。この機能も、ハイエンドだから優秀かというと、そうでもありません。第 10 章のサーバーの内蔵ディスクの部分でも記載しましたが、ディスクは書いたつもりになっているだけなので、次に読んだ時まで正しく書けているかはわかりません。頻繁にアクセスのあるデータであれば読めるかどうかのチェックを兼ねることもできますが、実際にはバラツキがあります。そのため、あまりアクセスがないものをチェックするために定期的に全容量を舐める処理が必要です。

　この機能は、ストレージのコントローラーの負荷が低いタイミングで実行されます。負荷が高いと、ホストからの基本的な I/O に影響が出るからです。この全容量舐める処理は、コントローラーの負荷と搭載ディスク容量に大きく左右されます。コントローラーの負荷が高ければ、ほとんどチェックする時間がなくなるので、チェックにかかる時間が長くなります。また、コントローラーあたりの搭載ディスク容量が多いと、そもそもチェックする量が多いので、時間がかかります。このように、全容量チェックする機能はハイエンドだから早く終わることはなく、使用している状況に大きく依存します。

　ちなみに、私が以前調べたハイエンドストレージでは、搭載しているディスクの全容量チェックが終わるのに 2 年半から 3 年かかることがわかり、

愕然としたことがあります。それだけかかるということは、EOS までに2回か3回しかチェックできないことになります。書いたつもりになっているだけのディスクに対してそれではかなり不安だと思いましたが、実際はかなり時間がかかるものです。そうなると、「そもそもチェックする意味があるのか？」ということが考えられますが、「やらないよりはマシ」という結論にしかならないと思います。

　結局のところ、壊れるかどうかは、運次第です。RAID を入れたり、さまざまな保護機能があるので、それらがすべて偶然にも機能しない可能性は天文学的な確率です。ただ、どんなにがんばってもその確率はゼロにはならないことを認識しておいたほうがいいと思います。

コラム：運任せの製品とそうでない製品

製品は、「ハイエンドだから」「ローエンドだから」という話以前に、設計者のコンセプトによって成り立っています。かなり細かくチェックしなければわからないのですが、数学的な確率を低くすることで製品の安定性を保つものと、確率を信用せずに最終的なチェックを入れ込む製品で分かれることがあります。

数学的な確率のアプローチをする製品において、以前ベンダーの設計者ともめたことがあります。その人は「現実的にありえない確率だから、問題ない」と言い切っていました。ただ、システムの経験が長くなると "世界初のトラブル" "事例のないトラブル" に山ほど遭遇します。「こんな確率の低いタイミングでたまたま動作してバグを引くのか」と思うこともたくさんあります。そのため、少なくとも私は確率の話は信用しません。発想というかポリシーの問題だと思いますが、根本的な考え方が合わないと、議論はどこまでいっても平行線のままです。

当時は「外国人だから発想がアバウトなんだろう」と思って終えることにしましたが、いろいろな製品を見ていくうちに、そうで

ない製品があることもわかりました。基本的に本書では個別の製品の良し悪しは記載しませんが、コンセプトが非常に気に入ったストレージが1つだけあります。気に入ったのでコンセプトや設計根拠などをいろいろ聞いたのですが、エンジニアとして私の感覚に非常に近いものを感じました。もちろん、「コンセプトがいいからトラブルが起きない」かというと、そうでもありません。ただ、本当に自分が気に入った製品であれば、その価値もわかります。さらに、そこまで理解していると、本当の意味でのコストの評価ができるのではないかと思っています。みなさんに「製品をよく知ってほしい」と思っているのは、そういうところにも理由があります。

スナップショットは性能が多少犠牲になることがあるがコストメリットがある

さて、先に列挙した機能の中でまだ触れていないもの（列挙したもののスナップショット以降）についても解説したいと思います。

まず、スナップショットは、最近のストレージでは搭載されているものが多いと思います。スナップショットのおもな用途は、バックアップです。ハイエンドストレージの場合、同じ筐体内にまったく同じデータのレプリカを作成し、1つを切り離すことでバックアップすることがあります。ただその場合、ディスクが2倍必要になるので高額です。スナップショットの場合、多少性能が犠牲になることがありますが、ディスクの利用効率から考えると、非常にコストメリットがあります。さらに、スナップショットを使う場合は重複排除機能と組み合わせると相性がよく、おすすめです。重複排除はデータを格納するブロックレベルでおこないますが、スナップショットを取得した時に重複排除されると無駄がなくなります（詳細は後述）。

第11章　ストレージを効率的に使い切る　　269

スナップショットは便利なので、ハイエンド、ミドルレンジのどちらでも機能としてあるものを選択したほうがいいと思います。なお、スナップショットによるバックアップはストレージ全損のトラブルには対応できないので、安全に設計するなら何らかの形で外部への保存が必要です。

レプリケーション、帯域制御、データ保全が必要かは要確認

レプリケーション、帯域制御（QoS）、データ保全（暗号化、改ざん防止など）は、ハイエンドなら搭載されていることが多い機能になります。ただ、機能として必要かどうかは、システムの要件によります。

レプリケーションと帯域制御は、ハイエンドストレージのほうが細かい制御ができるので、必要な要件かをよく確認したほうがいいでしょう。

改ざん防止の機能については、バックアップストレージのほうが向いているものもあります。用途として改ざんを気にするのは、バックアップ目的の要件に多いからです。なお、バックアップストレージは、ハイエンド、ミドルレンジ、ローエンドとはまた別のカテゴリに位置づける分類にしたほうがいいと思います。

重複排除はスナップショットと組み合わせると効果的

最後に、重複排除、データ圧縮、仮想ボリューム化・シンプロビジョニングについてです。これらは、比較的新しいストレージに搭載されており、いずれもストレージの格納効率を上げるものになります。

重複排除は、格納するブロックレベルでの無駄をなくします。ブロックの重複は、ハッシュ値で管理します（製品によって使われるハッシュアルゴリズムもさまざまなので、気になる人は確認してみてください）。データ圧縮は、ブロックレベルのものを圧縮します。そのため、重複排除と圧

縮の両方を組み合わせる使い方もあります。

◎重複排除とその圧縮の仕組み

I/Oのタイミングで重複排除するパターン

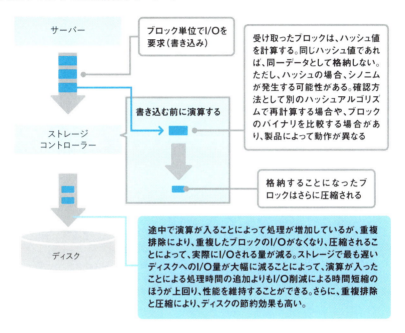

　さらに、重複排除にはI/O時点でおこなうものと、I/Oの後からおこなうものがあります。write処理をおこなった時に、すでに同じブロックが存在すれば書き込みをおこなわないものが、I/O時点でおこなうものです。逆に、write時点で普通にブロックとして格納してしまい、後で重複排除がないかを判断して、無駄があれば削除するものもあります。同じ重複排除ですが、動き方が違うため、性能やディスク効率に違いが出るので注意してください。

　なお、ここで先ほど記載した重複排除とスナップショットの組み合わせについても解説します。重複排除はブロックレベルで管理しますが、スナッ

プショットの前後を差分のブロックで管理することができ、組み合わせる技術としては非常に相性がいいものになります。

◎**重複排除ありのスナップショット**

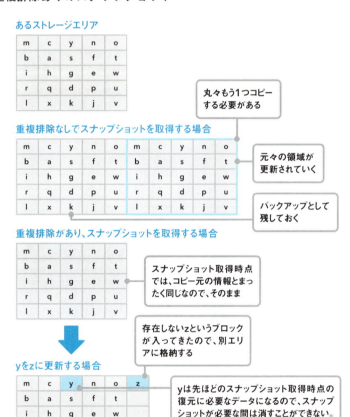

シンプロビジョニングは非常に有効

　最近のストレージは、物理ディスクを仮想ボリュームとしてコントロールし、任意のサイズで切り出してホスト（ゲスト OS）に認識させられます。仮想化の部分でも記載しましたが、ディスクの無駄をなくすうえでシンプロビジョニングは非常に有効です。シンプロビジョニングでゲスト OS には大きなディスクとして認識させ、さらに裏側でストレージの機能として重複排除と圧縮でさらなる効率を目指すと、合理的に管理できます。

　なお、仮想化のところで「見積もりなんて正確にできないと認識する」と記載しましたが、このようなディスク節約方法を活用すると、正確に見積もることができなくても後から流用することもかんたんに実現できるので、リソース効率を高めることが可能になります。

　また、重複排除と圧縮は強力ですが、実際にどれだけ削減できるかはデータの特性に大きく依存するので、やってみないとわかりません。うまくいけば数十分の一にもなりますが、うまくいかない場合は半分にもならないことがあります。

「重複排除はブロックレベルでおこなう」と記載しましたが、ブロックレベルでデータがバラバラになる技術とは相性が悪くなります。たとえば、Oracle DB では表領域レベルで暗号化できますが、そのように MW レベルで暗号化すると、バラバラのデータとしてストレージに送られてくるので、重複排除はほとんど利かなくなります。そのため、「実際に MW、OS、HW までを通してみた時に、どのように動くと、どう利用されるか？」を理解して、製品と機能を組み合わせる必要があります。

コラム：RDBMS のエンジニアはストレージの理解も容易

RDBMS もストレージも、以下の点で同じような役割を担っています。

- ・データの永続性を担保する
- ・IT の部品で一番遅いディスクを使いこなさなければならない

そのため、メモリキャッシュにデータを載せて性能を確保しようとしたり、ジャーナルファイルのような機構を持たせたりしています。名前は違いますが、仕組みはかなり似ています。

また、ストレージのコントローラーが複数あるように、RDBMS もクラスタを組むことがあります。クラスタ間の連携や、スプリットブレインが発生した時など、ケアすることも似ています。レプリケーションの機能も似たようなものを使っており、レプリケーションの転送にも同期や非同期もあります。

ここでは細かく記載はしませんが、対応しなければならない課題が似ていると、必然的に採用する技術は似てきます。技術が似ているということは、1 つの技術を理解することで応用できることを意味します。そのため、中途半端に広く浅く技術を習得するよりも、1 つの技術を深くしっかりと学んだほうが後々の知識の幅が広がるのでおすすめです。普通の人が考える深さよりも一歩踏み込んで考察することが重要です。

思ったよりも使えない
ディスク容量

　仮想化のところで、買ったのに使わない無駄について記載しました。ここでは、買ったのに思ったよりも使えないディスク容量について記載します。買ってしまった後からコストを削減するのは難しくなりますが、思ったよりも使えないことを認識し、ハードウェアからミドルウェアまでのシステムインフラ全体を通してどのように使われるかを知ることが重要になります。

2TB 玉のディスクを買ったのに
1TB ちょっとしか使えない現実

　そもそもの換算方法ですが、1KB（キロバイト）は 10 × 10 × 10 = 1,000 バイトになります。ただ、コンピューターは 2 進数で考えるので、2 の 10 乗で 1,024 の換算になります。1,024 のほうは、厳密には KiB（キビバイト）といいます。HDD の容量の単位は、10 進数のほう（10 × 10 × 10）で記載されるのが一般的です。まず、思ったようにディスクが使えない理由はここにあります。

　それをふまえて、2TB でもう少し考えてみましょう。2TB の場合は、2 × 1000 × 1000 × 1000 × 1000 になります。実際にはセクタ数 × セクタサイズになるので、端数が発生します。これを 1,024 に置き換えると、1TB あたり約 9% の誤差が生まれます。つまり、物理的に

　2 ×（1 − 0.09）= 1.82

第 11 章　ストレージを効率的に使い切る　　275

となり、システム上ではそもそも 1.82TB（正確には TiB ＝ テビバイト）
しか使えないことになります。

　さらに、実際にデータを格納するにはチェックサムを追加します。使用
するチェックサムの方式によって差があり、性能重視だと 10％以上使う
こともありますし、容量重視だと 1.5％程度になることもあります。計算
しやすいように、10％をチェックサムで使われたと仮定すると、

　1.82 × 0.9 ＝ 1.64

になります。ここまではディスクの話です。

RAID とストレージの管理領域によって容量はさらに減る

　ここからは、RAID 構成とストレージの管理領域について考えます。
RAID1 ＋ 0 だとミラーリングするので、利用効率は一気に 50％になりま
す。多くのストレージでは管理領域として 5 〜 10％使うので、ここでは 5％
として試算します。そうすると、

　1.64 × 0.95 × 0.5 ＝ 0.78

となり、カタログ上 2TB のディスクを買ったのに 0.78TB しか使えな
いことになります。

　RAID10 だと極端なので、RAID5（4D ＋ 1P）でも考えます。4 本のデー
タ +1 本のパリティの場合、利用効率は 4 ÷（4+1）＝ 0.8 になります。
同様に、管理領域を 5％で計算すると、

　1.64 × 0.95 × 0.8 ＝ 1.25

になり、2TB玉を買ったと思っても、6割ちょっとしか使えないことになります。

また、非常に便利なスナップショット機能がありますが、これを使う場合にはさらに容量が減ります。「スナップショットの領域は何割」と決まっているものは少なく、スナップショットを何回取るかを参考に決めていきます。製品にもよりますが、回数が少なくても10%は必要なものが多く、多ければ20%と見積もることもあります。仮に、10%をスナップショット領域として利用した場合、先ほどのRAID5を例にすると、

1.25 × 0.9 = 1.13

になります。

◎ **10%をスナップショット領域としてしまうと、使える容量は1.13TBになってしまう**

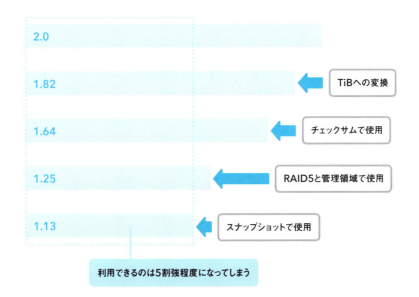

第11章　ストレージを効率的に使い切る　277

このように、よく知らずに見積もってしまった場合、思っている以上に
ディスクを使えないことがあるので注意してください。

　今回の RAID5 でスナップショットを使う場合は、2TB 玉で 1.13TB し
か使えません。管理領域などのオーバーヘッドを比較的少なめに見積もっ
たので、保守的に見ると約半分というところでしょう。

　ちなみに、仕組みとして利用効率を上げる場合、RAID のペナルティが
大きいので、ここを減らすことも考えられます。具体的には、NetAPP の
ようにダブルパリティにして、データ容量を増やします。たとえば 24D
＋ 2P で組んだとすると、24 本がデータになるので、

　24 ÷（24+2）＝ 0.92

となり、RAID5 の時よりも利用効率は上がります(1.64 × 0.95 × 0.92 × 0.9
＝ 1.29)。ただ、それだけがんばっても、1.13 → 1.29 というレベルの違
いにしかならない現実もあります。

ミドルウェアまで含めると使える容量が 1/4 程度になる可能性も

　これまでの計算は、ストレージまでの話です。ミドルウェアまで含める
と、実際に使える容量はかなり減ってしまいます。たとえば、Oracle DB
で ASM を使って RAW デバイスマッピングした場合、オーバーヘッドは
約 1％になります。RAID5 の数字を使った場合、

　1.13 × 0.99 ＝ 1.12

です。設計方針とデータベースのサイズによっても大きく変わるのでかな

り前提を置く必要がありますが、1,000GBのテーブルデータを格納する
として、以下の内容で設計したとします。

◎データベースの設計例

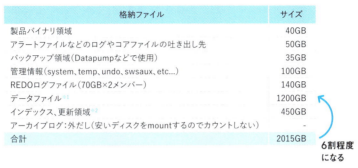

格納ファイル	サイズ
製品バイナリ領域	40GB
アラートファイルなどのログやコアファイルの吐き出し先	50GB
バックアップ領域（Datapumpなどで使用）	35GB
管理情報（system、temp、undo、swsaux、etc...）	100GB
REDOログファイル（70GB×2メンバー）	140GB
データファイル※1	1200GB
インデックス、更新領域※2	450GB
アーカイブログ：外だし（安いディスクにmountするのでカウントしない）	-
合計	2015GB

※1 データファイルにそのままのデータを格納できません。Oracleの場合、データファイル、それを構成する表領域、さらに表領域は複数のエクステントで構成され、エクステントはブロックで構成されます。それぞれの領域を論理的に区切っているため、管理情報が付加され、オーバーヘッドが発生します。そのため、1,000GBを1.2倍して計算しています。
※2 インデックス容量は、データファイルの1/4で仮定しています。また、更新のために余剰を10％と仮定しているので、300+(1200+300)×0.1=450GBとしています。

　合計は、2,015GBになります。つまり、目的のデータの約2倍の領域が必要になります。逆にディスクから見ると、割り当てられる領域の半分しか使えないことになります。先ほどの1.12の場合、6割だとすると0.67となり、元々2TBのディスクを購入しても実際には1/3程度の容量しか使えないことになります。

　このように、ストレージまで、ミドルウェアまでをそれぞれ考えた場合で、思ったよりも容量が使えないことをご理解いただけたのではないでしょ

か。システムはいくつものレイヤーで構成されるので、それぞれのレイヤーでどのようにリソースが使われていくのかを知ることは、無駄のない見積もりをするうえで非常に重要になります。

　また、レイヤーの整理ができたら、データの特性でも整理したほうがいいでしょう。サーバー（OS）の中を整理すると、次のものに分類できます。

・更新がほとんどないプログラム（インストールバイナリ）を格納する領域
・データのように更新参照が多い領域
・ログやダンプなどのように、データと比較すると最悪データロストしても問題のないもの

　更新がほとんどない領域はすでに記載した重複排除の技術が有効ですし、データ領域などの更新が多い部分はシンプロビジョニングの相性が良くなります。最悪ロストしても問題ない領域は、可用性を下げてコストを下げることもできるでしょう。

　繰り返しになりますが、システム全体のコスト最適を考えるにあたり、単一のレイヤーごとに考えてしまうと実現できません。すべてのレイヤーとその利用効率を把握したうえで、目的に応じた設計をおこなう必要があります。

ディスクの特性と
価格変動を考える

SAS か SATA か、それとも SSD かで
単価が大きく変わってくる

　HDD には、大きく分けて SAS と SATA があります。非常にかんたんに
説明にすると、SAS が高性能、SATA が安価で大容量向きです。基本的に
SAS のほうが、高速で信頼性が高く、大規模サーバー向きです。SATA は
性能は劣りますが、GB 単価が安く、ファイルサーバーやバックアップサー
バー向きになります。

　なお、SAS のインターフェースを搭載した SATA をニアライン（NL-SAS）
と呼んだりしますが、性能は SATA とほぼ同等です。エンタープライズ用
途になり、一般的に量販店などでは購入できません。

「ストレージ製品」という枠で考えると、昔はサーバー用途のものであれ
ば SAS を使うのが一般的でしたが、最近では SAS にニアラインを組み合
わせて使うケースが増えてきました。結局は性能とコストのバランスなの
で、コントローラーの性能やキャッシュの性能が強力であればそのままニ
アラインを利用することもできます。また、ストレージは基本的にディス
クをたくさん搭載して性能を稼ぎます。同時にアクセスできる本数が多け
れば、並行して書き込める量が増えるからです。

　さらに、最近では SSD も安価になってきたので、より選択肢が増えま
した。当初 SSD は高価だったので、高性能を求めるボリューム（LUN）
を中心に使うケースや、一時的なキャッシュのように使うこともありまし
たが、最近では SAS の代替として搭載することも多いと思います。

　このように、ディスクにも SAS、SATA（ニアライン）、SSD があり、

第 11 章　ストレージを効率的に使い切る　　281

その組み方でも GB 単価がかなり変わるので、「どのディスクを、どれだけ搭載するか？」はよく検討したほうがいいでしょう。

なお、ひと言で SSD といっても、種類はさまざまです。第 9 章で記載しましたが、SLC、MLC、TLC、QLC の種類があり、それぞれ特性があります。そのため、「SSD だから高速」というキーワードだけで判断せずに、どのような部品で構成されているかをよく考える必要があります。

◎ SAS、SATA、SSD の比較

	SATA	SAS	SSD
回転数	5,400～7,200rpm	10,000～15,000rpm	―（回転しない）
データ転送速度	遅い	中	高速
GB単価	安い	中	高
信頼性	低	中	高
用途	ファイルサーバー バックアップ 大量コンテンツ配信	RDBMSサーバー APサーバー その他基幹系サーバー	SASの置き換えになっていくため、用途はSASと同様 コストが見合えば、SATAの領域で活用可能なケースも

価格は下がり続けるので、前もって購入してしまうと不利

続いて、価格動向です。基本的なトレンドとして、HDD の出荷台数は減り続けていて、出荷容量は増え続けています。つまり、ディスク 1 本の容量がかなり増加していることになります。それは、ディスクの GB 単価が下がっていることを意味します。コストの観点から重要なのは、GB単価がずっと下がり続けていることです。GB 単価が下がるということは、仮に今 10TB の容量を買うよりも、1 年後に 10TB を買うほうが安くなるということです。

第 10 章の仮想化のところで記載しましたが、システムの設計時にはかなりバッファを積むことがあります。さらに、5 年後相当の最大容量を 1

年目から確保することも多いと思います。そのような傾向と、GB 単価が下がり続けることを考えると、前もって購入してしまうと、さらに価格面で不利なコントロールになっていると気づけると思います。SSD に関しても同様で、GB 単価は下がる傾向にあります。少なくとも 2017 年現在では、まだまだ SSD は拡大期で、当面はこの流れのまま進むでしょう。

　なお、実際にどのようにコントロールしていくかですが、シンプロビジョニングを使うのが非常に効果的です。たとえば、最終的に 50TB の容量が必要だったとして、はじめから 50TB を購入してしまうと、しばらくは使わない可能性が高くなります。システムは使われて徐々にデータが増加するものが多いためです。そのため、以下のように 1 年に 10TB ずつ追加するのが理想的ですが、追加時の手間を極力なくす設計が重要になります。そこで、シンプロビジョニングを使って、OS には 50TB あるものと思わせてしまいます。

　OS 上で 50TB あると認識できていれば、その上で動くミドルウェアやアプリケーションも 50TB ある前提でシステムを構築できます。そうやっておいて、実際に物理的な容量の増加に合わせて追加していけば OS が 50TB の認識を変更しないですむので、手間が省けます。

第 11 章　ストレージを効率的に使い切る　　283

◎ OSは50TBあるものと思っているが、裏で追加していく

1年目

3年目

5年目

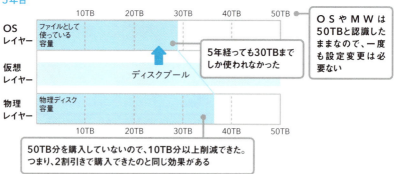

IOPS マジックには要注意

ストレージの性能指標としては、IOPS（I/O Per Second）が使われます。IOPS は、1 秒あたりの I/O の回数になります。ポイントは、回数だけをカウントしていて、その質については読みとれないことです。I/O する時のブロックサイズに対しての規定はありません。また、一般的に read のほうが write よりも高速ですが、IOPS には read と write の区別はありません。そのため、IOPS がどのような条件で計測されているかを確認することが重要になります。

ベンダーが IOPS で有利な数字を出すには、1 回の I/O のブロックサイズを小さくし、すべて read にしてしまえばいいことになります。ただ、現実問題として、そのようなシチュエーションはほとんどありません。システムには read 処理もあれば write 処理もあります。また、オンライン処理で必要とするデータと、バッチ処理で必要になるデータの量には、かなり開きがあります。そのため、IOPS の数値が測定された条件を確認し、自分が構築するシステムの稼働状況に近いかを確かめる必要があります。

なお、多くのベンダーでは「10 万 IOPS 出ます」という宣伝文句を謳っていたとしても、その条件を確認すると明確に教えてくれます。さらに、ほかの条件での IOPS を測定していることが多いので、以下のようにread、write の割合を変えて確認してみるといいと思います。

・read : write ＝ 100 : 0
・read : write ＝ 70 : 30
・read : write ＝ 50 : 50
・read : write ＝ 30 : 70
・read : write ＝ 0 : 100

必ずしもベンダーがこの条件で確認していないと思いますが、似たよう

な割合の数値は持っていることが多いです。特に、100 対 0 まで確認することで、そのストレージの特徴を捉えることができます（read に強いのか、write に強いのかなど）。

　また、確認する時には、測定したブロックサイズも確認しておく必要があります。ブロックサイズはストレージの設計にも依存するところがあるので、条件をそろえることはできませんが、妙に IOPS の数値が高い場合には、ブロックサイズが小さいものでテストされている可能性があります。もし、自分のシステムでシーケンシャルな read や write が多い傾向にあれば、ブロックサイズが大きくても IOPS が出ている製品を選択したほうがいいでしょう。

ブロックストレージ以外の
ストレージを使いこなす

　ブロックストレージのほかに、ファイルサーバー型のストレージである NAS と、Amazon の S3 が登場してから使われはじめてきたオブジェクトストレージがあります。それぞれのストレージはすみ分けができていると思います。

非常に使いやすいが使いどころに注意が必要な NAS

NAS の利点とは

　ブロックストレージは、安定して高性能を提供できるのが最大の魅力です。欠点があるとすれば、価格面と、プロトコルに SCSI などを使うため追加などの構成変更に手間がかかるところでしょうか。インターフェースも Fibre Channel などを使うので、Ethernet よりも手間とコストがかかります※。Ethernet をほかの通信と共有する場合は、どうしても性能のケアが難しくなります（その手間とコストのおかげで安定した性能を得ることができるのですが）。

　対して、NAS などのファイルを扱うタイプのストレージは、扱いが非常に楽なのが最大の特徴です。NFS や CIFS（Common Internet File System）に対応すればすぐに使うことができますし、Ethernet を使うのでネットワークの追加作業をおこなう必要もありません。その手軽さが性能に対して影響を与えることがありますが、そのデメリット以上に使いやすいメリットが重視されていると思います。OS から見ても、mount するだけでディレクトリ・フォルダとして扱えるので、インフラエンジニアもアプリケーションエンジニアもかんたんに扱えます。このような特徴があ

第 11 章　ストレージを効率的に使い切る　　287

るので、NAS は今後も使われていくと思われますし、クラウド上の NAS サービスも徐々に拡大しています。

> ※ iSCSI にすれば Ethernet も活用できますが、安定して高性能を確保したいのであれば Fibre Channel を選択したほうが無難です。

NAS は非常に使いやすいうえに、コスト面でも有利です。Fibre Channel などの SAN（Storage Area Network）環境を構築しないで済むことと、おもに使うディスクが GB 単価の安いニアラインを使うためです。使いやすくて安いので、どんどん使いたくなってしまいます。

NAS の問題

問題は、すでに記載したように、性能面で問題になる場合があることです。特に NAS の場合、ファイルサーバーとして使うことが多く、ブロックストレージと比べると I/O サイズが大きいものが中心で、利用者がシステムではなく人というケースも多いので、性能を見切るのがより難しくなります。

そのため、便利で安価な NAS を使いこなすには、使い方をまちがえないことが重要です。データベースなどの重要なファイルは NAS で構築しないほうが無難です。また、NAS はファイルサーバーとして使え、多くの OS から同時に mount できる便利さからシステム間のファイル連携で使うケースがありますが、経験的に NAS をシステム間連携で使うのはおすすめできません。NAS は NFS や CIFS などのプロトコルで通信しますが、これらのプロトコルを使いこなすのが難しいためです。たとえば NFS の場合、NFS のレイヤーの設計と、NFS が利用するファイルサーバーの設計が必要になります。NFS のレイヤーもクライアントとサーバー側があり、クライアント側とサーバー側とファイルサーバーのそれぞれでキャッシュをどう持つかの設計が必要になります。全部キャッシュを利用しない設定

にすると性能面でかなり不利になりますが、システム間連携でキャッシュ
に頼るのは危険です。さらに、NFS もバージョンごとに動作が変わります。
そういう難しく、手間のかかる設計をやりきらなければ、NAS を安全に
は使えなくなります。

結局のところ、NAS には使いやすく安価であるという魅力がある一方
で、それによるデメリットがあることを理解するのが重要です。便利なの
で、そこに頼った設計をしてしまうと、手痛いしっぺ返しを受けることに
なりますし、結果的に高コストになってしまうので注意が必要です。

バックアップに使う

さて、NAS のもう 1 つ重要な使い道があります。それは、バックアッ
プ用途です。バックアップは普段使わないデータを保存しますし、残して
おくことが目的なので更新もおこないません。また、ビジネスに直接貢献
しないデータなので、バックアップは極力安価な領域に残しておきたくな
ります。そのため、NAS をバックアップストレージとして使うのは非常
に理にかなっているといえます。

1 点だけ注意する必要があるとすると、短時間でのリカバリが求められ
るケースです。NAS から高速のリカバリを期待するのは難しいので、そ
こだけ見誤らなければ有用な使い方ができます。これまで記載したように、
NAS は mount するだけでかんたんに利用できるので、OS に mount して
おけばディレクトリやフォルダにコピーする感覚でバックアップすること
ができます。

コラム：別の製品でもそっくりな仕組みを使っていることがある

バックアップストレージの1つとして、DataDomain があります。バックアップに特化しており、重複排除するブロックを可変長で管理し、格納効率を高めています。ただ、それ以外の基本的な機能やベースアーキテクチャは、NetApp の ONTAP にそっくりです。NetAPP からスピンアウトしたメンバーが設計したという背景があるからなのですが、IT には同じような仕組みを使っている製品は多数あります。Microsoft の SQL Server も、Sybase SQLServer からコード分割されたもので、基本的な部分は似ています。1993 年に提携を解消してかなり時間が経っていて、機能も追加されたので別物になっていますが、背景としてはそういうケースもあります。

OSS の場合、ソースコードがオープンなので、同じような処理が別の言語実装にポーティングされることもあります。コラムの「RDBMS のエンジニアはストレージの理解も容易」でも記載しましたが、似たような発想や実装方法はたくさんあるので、製品や会社の成り立ちを確認することで、アーキテクチャの理解を深めることもできます。

拡大が続くオブジェクトストレージ

オブジェクトストレージはクラウドを中心に提供されますが、NAS と同様に、インターフェースには Ethernet を利用します。一方で、プロトコルは http（REST）なので、少し扱いが変わります。

ブロックストレージの場合は OS が自分のデバイスとして認識してその中にディレクトリ／フォルダを作成しますし、NAS の場合は mount することで OS のディレクトリ・フォルダとして扱えることから、どちらも OS から見た時のファイル操作は容易でした。しかし、オブジェクトストレージの場合は基本的に API を経由してのアクセスになります。

また、これまでの階層構造のファイル操作とは異なり、フラットな構造の論理アクセスになるので、ファイルを整理する感覚はかなり異なります。そのため、同じ「ストレージ」というキーワードがついていますが、利用者から見ると使い方が異なりますし、実装方法の検討が必要になります。

なお、コストの観点からオブジェクトストレージを評価するならば、GB 単価が安価だということもできます。ただ、単純に安価というよりも、「使った分だけリニアに課金される」ほうにメリットがあるといえます。第 10 章の仮想化のところで記載したように、ディスクは多く確保しがちです。さらに、リニアに拡張するように設計したとしても、ボリュームサイズは定義する必要があり、定義したサイズに課金されます。一方で、オブジェクトストレージでは格納したオブジェクトごとに課金されるので、前もってボリュームを指定する必要もなく、無駄がありません。

また、いらないデータを削除する時にも無駄が生じません。オブジェクトストレージの場合は削除すればその分が減りますが、通常のファイルの場合、勝手にフォルダがシュリンクして割り当てサイズが減ることもありません。無駄なデータを残してしまっていれば意味はありませんが、いらないデータをしっかりと消すことで、非常に効率よく使うことができます。

◎オブジェクトストレージなら使った分だけ課金され無駄がない

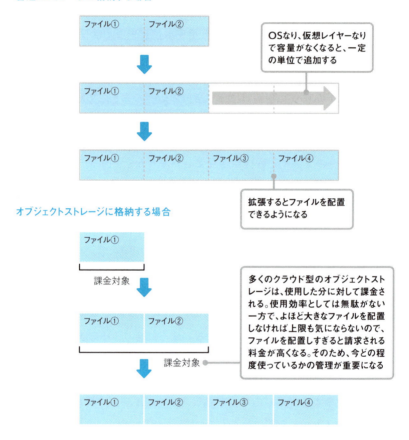

第 12 章

ミドルウェアが
コストに与える
影響を理解する

ライセンスコストが問題になりにくい AP サーバー

　アプリケーションサーバー（以下 AP サーバー）を選定する時には、まず構築したいシステムの動作をイメージし、言語特性からプログラミング言語を決定すると思います。また、関連するサービスやシステムとの相性を考えて言語を選択することもあると思います。ケースによっては、「プロジェクトが大規模なため、開発要員を集められるかどうか」といった観点で言語を選定することもあるでしょう。いずれにしても、「このメーカーの AP サーバーを使いたい」という要求が先に来るというよりは、「実装方法を決めてから対応可能な AP サーバーを検討する」という流れになります。

ライセンスを意識することがなかったクラサバ

　ここで、少し歴史を振り返りながら、プログラム言語を整理していきたいと思います。メインフレームの時代までは遡らず、分散システム（オープン系システムと呼んだりもすると思います）から整理していきます。

　1990 年代以降、UNIX 環境をベースにして、C 言語がかなり使われてきました。Java が登場するまでは、C 言語が中心だったと思います。私もはじめのうちは C 言語を学び、ポインタ操作や構造体で苦労したのを覚えています。C 言語は、最近では見かける場面がかなり少なくなりました。今時、「今度のアプリケーションを C 言語で構築したいんだけど」と言われることはありません。あるとしても、既存システムのマイグレーションくらいです。たしかに、C 言語は安定して動いたり、高速で動くのですが、いろいろと手間もかかりました。

C言語がおもに使われていた時代は、2層のクライアント・サーバー構成が主流でした。

◎**クライアント・サーバー構成**

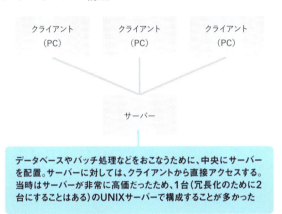

データベースやバッチ処理などをおこなうために、中央にサーバーを配置。サーバーに対しては、クライアントから直接アクセスする。当時はサーバーが非常に高価だったため、1台（冗長化のために2台にすることはある）のUNIXサーバーで構成することが多かった

　この構成の場合、データベースにRDBMSを使用し、クライアントはブラウザではなく、OSにもよりますが、VBなどで作成したアプリケーションが多かったと思います。サーバー側でも、C言語を中心に組んだバッチ処理を実装することがありました。いずれにしろ、アプリケーション部分でAPサーバーをミドルウェアとして使うよりも、独自にプログラムを開発することが多かったので、今よりもAPサーバーのライセンスを意識することはありませんでした。

JavaでもAPサーバーのライセンスが問題になることは少ない

　その後Javaが登場しますが、JavaはCと比べると開発効率が上がりました。プログラムの作りも、構造化指向からオブジェクト指向に変わり

ました。1990年代後半から、Javaへの流れが一気に加速します。2000年くらいには「Javaの開発ができるとイケてる」という雰囲気があったと思います。そこからインターネットの流れにも乗り、Javaはエンタープライズの領域まで含め、かなり利用されることになりました。Javaは、現在でも大型のシステムで利用されることがあります。

なお、言語としてJavaを利用するほかに、ミドルウェアを選定するうえでJava EEを利用することもポイントになります。Java EEを使っている場合には、対応しているミドルウェアを選択する必要があります。エンタープライズの領域では比較的Java EEを利用することが多いので、おもにAPサーバーのライセンスを考える場合はこの構成の時に検討します。よくWeb系の3層アーキテクチャが用いられますが、最近ではOSとしては2層のものがほとんどだと思います。

◎ 3層アーキテクチャ

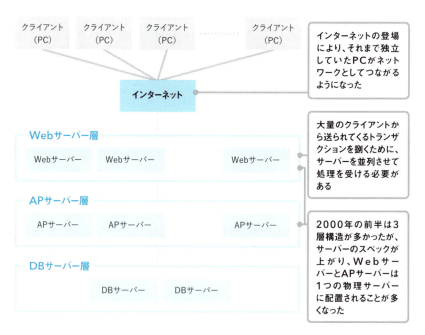

この場合、AP サーバーはロードバランサーによって処理を振り分けられることがほとんどです。ロードバランサーの振り分けは、どこに振っても問題はないように構築されています。インフラの観点からすると、サーバーをスケールアップするよりも、スケールアウトするほうが対応しやすくなります。AP サーバー部分にライセンスコストがかかりますが、この場合でも、以下を理由に問題になることは少ないです。

・そもそもライセンスがデータベースサーバーに比べて安い
・Java EE を使わなければ、Tomcat などの OSS で十分なことが多い
・Java EE を使っても、OSS が選択肢になる
・スケールアウトしやすいので、データベースサーバーほどリソースの余剰を心配しなくていい（後から追加しやすい）

LAMP、MEAN は基本的にライセンスコストがかからない

Java が Web 系のシステムの主流になってからしばらくすると、開発スピード重視の Web 系システム構築向けに、LAMP（Linux ＋ Apache ＋ MySQL ＋ PHP ／ Perl ／ Python）の人気が出てきました。Java は重厚なシステムには向いていましたが、もっと手軽に開発したいというニーズが出てきたためです。プログラム言語の部分としては最後の "P" になりますが、これらの言語はインタプリタ言語であり、コーディング後に明示的にビルドしなくてすむので、手軽に開発できます。インフラの観点からすると、AP サーバー部分は Perl、PHP、Python になるので、どれも基本的にライセンスがかかるものではありません。LAMP が OSS をベースにしていることもあり、どこかの会社のサポートやサブスクリプションを使わなければ、ライセンスコストがかからないことになります。

2005 年くらいになると Web2.0 という言葉が流行しました。ブラウザ操作がリッチになり、Ajax が流行りました。このタイミングで、

JavaScript が見直されます。2010 年代になると、Node.js の流行により、JavaScript がサーバーサイドで動き出します。JavaScript の進化とともに、LAMP と同じような動きがはじまり、MEAN（MongoDB ＋ Express ＋ AngularJS ＋ Node.js）スタックが生まれます。「生まれた」というよりは「組み合わされた」といったほうが適切だと思います。MEAN もまた OSS ベースで組まれるので、インフラコストの観点からすると LAMP に感覚は近くなります。基本的にスケールアウトしやすい構成になっていますし、製品ライセンスの考え方も同様です。なお、MEAN のアーキテクチャは Java とはまったく違うので、インフラエンジニアは動き方には注意が必要です。詳細は、第 13 章の「同時実行ユーザーが多いシステム」を参照してください。

Windows でもライセンスのコストは小さい

　Windows サーバーを選択するケースも触れておきます。Windows サーバーを利用する場合でスクラッチ開発する時、古くは VB スクリプトを使い、最近では .NET framework を利用することが多いと思います。Web システムとして使う場合には、IIS（Microsoft Internet Information Services）を組み合わせることになると思います。Visual Studio にはライセンス費はかかりますが、Web システムを構築する時に WebLogic サーバーをたくさん構築するケースと比べるとライセンスの考え方が大きく異なりますし、コストも小さいものになります。

　その他、Windows サーバーでよくあるケースとしては、パッケージソフトの利用だと思います。ケースによってはミドルウェアを指定されることもありますが、システム全体のコストから考えるとそこまで大きいものではなく、影響も少ないと思います。

　このように、プログラム言語を中心に AP サーバーについてまとめて

みましたが、Java を除けば、インフラとしては Linux サーバーを準備
し、そこに必要なパッケージを追加し、サービスを起動すればいいものが
ほとんどになります。Java については、OSS だけでなく、WebLogic や
WebSphere などのプロプライエタリ製品もあるので、そういうものを選
ぶ時にはライセンスについて考える必要があります。

　ちなみに、これらのミドルウェアライセンスは、すでに記載したように、
そこまで高額ではありません。アプリケーション開発におけるコーディン
グ量にもよりますが、一般的にはコーディングのための開発費用のほうが
ミドルウェアのライセンス費用よりも高額になるので、システム全体で見
るとそこまでのウェイトを占めないと思います。

バッチ処理とシステム間連携に注意

　コストというよりも、構成について気にしておく部分を補足します。そ
れは、AP サーバーでおこなうバッチ処理とシステム間連携です。

　バッチ処理は、オンライン処理と比べるとスケールアウトしにくいこと
があります。はじめからスケールアウトできるようにバッチ処理を組めば
対応しやすいですが、後からの変更はかなり難しくなります。

　また、システムと連携するポイントが複数あると、制御が難しくなりま
す。はじめから考慮しないとスケールアウトが困難なため、気をつける必
要があります。

　これらを考慮できていないと、対応としてはスケールアップが必要に
なってしまい、ハードウェア増強やミドルウェアのライセンス追加で大き
な出費になることがあります。

高額でプロプライエタリな
RDBMS 製品を使う理由

データベースのプロプライエタリ製品（代表的な製品は、Oracle Datebase、DB2、Microsoft SQL Server になると思います）は、高額なものが多いですが、なぜ選択するのかの理由を記載し、その理由ごとに整理していきたいと思います。

・安定したサポートを受けられる
・性能に関しての情報を取得する機能が充実している
・可用性を高める機能がある
・ナレッジが多く、扱えるエンジニアも多い
・長期間使い続けられる

安定したサポートを受けられる

まず、プロプライエタリ製品の一番のメリットは、サポート力でしょう。「プロプライエタリ製品を選んだからバグがない」かといえばそんなことはなく、ソフトウェアなのでバグは存在しますが、問題が発生した時の手間を、サポートでいろいろと吸収してくれます。そのあたりは、第5章で記載した OSS の特徴の裏返しになります。

第5章では、ミッションクリティカルシステムで OSS を有効に活用した事例を解説しましたが、RDBMS に限っては OSS の導入を慎重に検討したほうがいいと思います。どのソフトウェアもバグがあるのですが、RDBMS はソフトウェアの中でもかなり複雑だからです。また、ソースコードの量も膨大で、ソースコードを読めるからといって、1人で全機能を押

さえることは困難です。そのため、もし OSS を採用する場合は、そういうことも念頭に置いて使う必要があります。

性能に関しての情報を取得する機能が充実している

　性能に関しての情報も、プロプライエタリ製品に優位性があると思います。性能情報はデータベースサーバーが動いている時に取得するのですが、少なからず負荷をかけてしまいます。あまり負荷をかけずに情報を取得できるという意味では、かなり差があると思います。

　何度も記載していますが、データベースはシステムの中でも遅いディスクと向き合う必要があるので、性能に関しての分析が重要です。そのため、情報取得と分析に重きを置くシステムでは、やはり必要な機能になってきます。逆に、性能をそこまで求めないシステムや、ハードウェアでカバーしてしまう考えであれば、OSS を選択しやすくなります。

可用性を高める機能がある

　第 4 章で記載した SLA のうち、要求されるリカバリ要件がダウンタイム 5 分以内の場合には、高可用性を考慮する必要があると思います。可用性についても、プロプライエタリ製品と OSS とでは差があります。Oracle なら RAC（Real Application Clusters）がありますし、DB2 には pureScale があります。それぞれのアーキテクチャは異なるものの、可用性を高める機能としては優秀です。そのため、極力ダウンタイムをなくしたい場合に検討する必要が出てきます。

ナレッジが多く、扱えるエンジニアも多い

プロプライエタリ製品に限った話ではありませんが、使用している利用者数が多い製品はナレッジが豊富です。プロプライエタリ製品の場合、よりその内容が充実しますし、マニュアルの情報も整備されているので扱いやすくなります（マニュアルにもバグはありますが）。

また、情報が充実していると、扱えるエンジニアが多いのも魅力です。1つの技術を深く身につけるのはなかなか大変ですし、並行プロジェクトが多いとエンジニアの人数も重要です。特にプロプライエタリ製品の場合、製品ベンダーと SIer がパートナー契約を結んでいるため、製品のサポートを独自でおこなえたり、新しいバージョンを独自に検証してナレッジを蓄積しています。そういう製品ベンダーの啓蒙活動や情報展開も、プロプライエタリ製品のメリットになります。

長期間使い続けられる

数年で使い捨ててしまうようなシステムでは重要視する必要もないですが、基幹システムとして 5 年、10 年と使う場合には、継続的に使うことができるかも重要なポイントになります。OSS の場合、10 年というレンジで見ると、衰退してしまうリスクもあります。RDBMS を別の製品に乗り換える必要が出てきますが、テーブルの型や SQL の方言が変わることに加えて、トランザクションの管理方法が変わる場合は、アプリケーションに大きな影響を与える可能性があります。また、場合によってはストアドプロシージャを使うこともあるので、そういうサポートも重要です。

コラム：ストアドプロシージャに頼った実装を好まない理由

個人的には、ストアドプロシージャに頼った実装は好みではありません。理由は単純で、システムの役割をシンプルにしたいからです。

RDBMSは、基本的にデータを保存する場所です。そこでビジネスロジックを組むと、いろいろと問題も生じます。もちろん、性能を求める観点でどうしてもストアドプロシージャで実装する必要があることもありますが、役割をごちゃ混ぜにしているといえなくもないですし、システムの性能も安定しなくなる可能性があります。

さらに、これまで「APサーバーよりもDBサーバーのほうがライセンスコストが高い」と記載してきました。APサーバーは本来ビジネスロジックを記載する役割を担っていますが、それよりもライセンスコストの高いDBサーバーで実装することは、コスト面からも不利になります。つまり、システムの役割の整理とコストの両面でマイナスになるのが、ストアドプロシージャを利用したくない理由になります。

第12章　ミドルウェアがコストに与える影響を理解する　303

RDBMS で無駄なリソースを使う問題をどう解決するか

SQL では性能の悪いコードをかんたんに作れてしまう

　RDBMS に関して、OSS とプロプライエタリ製品のどちらでも共通するテーマがあります。それは、Java やほかの言語以上に、SQL は性能の悪いコードをかんたんに作成できてしまうところです。性能の悪いコードは、無駄にハードウェアリソースを使います。特にプロプライエタリ製品の場合、無駄なライセンスコストも使うことにもなります。効率の悪い SQL の例としては、以下になります。

・巨大なテーブルをフルスキャンさせる
・直積結合などで効率の悪い処理をさせる
・副問い合わせを使い、効率の悪い処理をさせる

　これら以外にも、考えられる実装はたくさんあります。具体的な問題とその対応は SQL 専門の書籍や情報に譲るとして、いずれの SQL であっても、効率の悪い SQL は、読み取りにいくデータが大量すぎてディスクアクセスが遅いか、結合処理などのデータが大量すぎてメモリ上で処理しきれないケースなどで発生します。どのデータベースにもオプティマイザが存在し、SQL の実行計画を立ててくれますが、Java などのプログラミング言語と異なり、SQL は欲しいデータを記載するだけで取得でき、データの取得や結合のために必要な読み取りやループ処理を実装しなくて済みます。ここが一番のポイントです。実装しなくて済むのと、想定しなくて済むのでは、大きく違います。

性能を確認しにくいのが SQL の難しいところ

　知識のないアプリケーションエンジニアほど、「実行した SQL でどのように動作するかを考えなくていい」と勘違いしていることが多いです。「動作を考えなくていい」と思う人は、その確認もしません。つまり、テストをしないことになります。

　システムごとの SLA 次第だと思いますが、性能をまったく気にしなくてもいいのであれば、性能に関してのテストは不要です。ただ、実際に使う人が待たされることに対して問題だと感じるのであれば、必ず SLA を定義して、その SLA を満たしているかのテストをおこなう必要があります。

　SQL の難しさは、その確認のしにくさにあります。同じ SQL でも、インデックスが効果的に使われるかで、性能は大きく変わります。そのため、SQL のコード以外にインデックスなども意識する必要があります。さらに、データが増減すると性能が変わることもあります。最も厄介なのは、動的に SQL を組み替える場合だと思います。Java のソースコード上で if 文などで分岐しておき、条件によって SQL の where 句を組み替えるパターンです。そのようなコーディングをすると、SQL のバリエーションが無数に増えてしまい、全パターンのテストは困難になります。

　このような問題があり、仮に SQL の性能をテストしなければならないと思っているアプリケーションエンジニアでも、現実的にどうやってテストすればいいかがわからなくなると思います。一番正確なのは、実際に使われるデータを用いて、アプリケーションの全パターンを網羅的に動かして性能を計測することですが、これもまた困難なケースがあります。バリエーションが多すぎることもテストを難しくしますし、そもそもまだ利用が開始されていないシステムのデータをそろえられないこともあります。

　アプリケーションエンジニアは性能を意識して実装する義務があると思いますが、私の経験上、現実的に難しいケースもあると思います。そのため、「インフラで予防線を張っておく」というのが 1 つの対処法になります。

効果的な予防方法は以下になります。

・バッチ処理など大量のデータを処理するデータベースユーザーと 1 トランザクションの短いオンラインのデータベースユーザーを分離する
・バッチ処理とオンライン処理のそれぞれのユーザーに対して処理制限をかけて、効率の悪いものを実行させない

バッチ処理とオンライン処理で データベースユーザーを分離する

　バッチ処理の動きと、オンライン処理は、リソース面から考えるとまったく違う動きになります。そのため、それらを実行するユーザーを分けておくと、リソースの管理や、性能の分析に非常に役立ちます。

　重要なのは、バッチ／オンラインの区分けを、実行する人や役割ではなく、リソース面で判断し、区分することです。オンライン処理が動く時間帯でも大量にリソースを使うケースがありますし、システムのあるユーザーがオンライン処理もバッチ処理もおこなうケースがあるためです。

　たとえば、あるお店に会員用サービスがあったとします。会員の誕生月には割引があります。お店側では会員である利用者の情報を登録して保持していますが、仮にある利用者が引っ越しをし、DM の送付先の住所変更をおこなうユースケースを考えてみましょう。店員 A さんが特定のユーザーの住所を更新する処理をおこないます。当然、ある 1 人の住所のみを更新するので、ユーザー ID などでインデックスアクセスできれば 1 件だけのデータアクセスになり、ほとんどリソースを使いません。

　また、店員 A さんは別のタスクとして、誕生月の人に DM を送る仕事もするとします。誕生月が同じ人はたくさんいることが想定されるので、先ほどのような 1 件だけでなく、たくさんのデータにアクセスすることが想定されます。このように、システムの実行者が同じ A さんであっても、

処理の特性によって動き方が大きく異なります。前者がオンライン処理に
なり、後者はバッチ処理になります。これらの実行をデータベースのユー
ザーで分けるほうが、システムをコントロールしやすくなります。

バッチ処理とオンライン処理の それぞれのユーザーに処理制限をかける

　次に、処理制限のかけ方に関しては、RDBMS ごとの機能に依存するので、
実装できる方法で対応します。基本的には、オプティマイザが判断するコ
ストを用います。具体的には、CPU の負荷であったり、処理時間であったり、
データのアクセス量であったりしますが、いずれの方法であっても、明ら
かに大量だと判断する場合には、SQL を実行させないのがポイントです。
大量かどうかの判断が一番難しいところですが、そこは試しながら確認す
るしかないと思います。あまりにも厳しい制限をかけてしまうと SQL が
実行できなくなることも多いですし、本番環境（商用環境）で制限をかけ
てしまうとそれがトラブルにもなってしまいます。

　そのため、おすすめの方法は、本番のデータに近い開発環境（準本番環
境のようなもの）で制限をかける旨をアプリケーション開発者に連絡して
おき、問題が起きた場合には協議することです。開発環境とはいえ、あま
り厳しすぎるとテストできなくてクレームになるので、インフラエンジニ
アの独断でやりすぎないようにしたほうがいいと思います。

　また、制限をかける時に、オンライン／バッチ処理でリソースが大きく
変わるので、それぞれで設定します。オンライン／バッチで分けておかな
いと、最大リソースを使うバッチ処理でしか制限をかけられなくなるので、
効果がなくなってしまいます。

　なお、制限をかけても性能劣化を 100％予防できるわけではないので、
重いと思われる SQL が流れたら定期的にどういうものか確認するのも
いいと思います。インフラ担当であっても、日ごろから流れている SQL

第 12 章　ミドルウェアがコストに与える影響を理解する　　307

を見ておくと、システムの特性を理解できますし、トラブル時やチューニングするタイミングで最適な対応を導き出せると思います。

このように、リソースを無駄に使わない仕組みや工夫をすることで、ハードウェアやソフトウェアのコストを下げることができるとともに、システムの安定性も向上します。ぜひおすすめしたい対応です。

ほかの RDBMS へのポーティングでは 工数の見積もりに注意

この 10 年以上で、RDBMS の基本的な機能はほとんど変わっていません。Oracle 10gR2 がリリースされたのが 2005 年ですが、その当時から比較しても、「劇的に変わった」と感じる部分は少ないと思います。逆に、「すでに完成された製品」ともいえます。一方で、その間にハードウェアは劇的に変わっています。サーバーのマルチコア化やメモリ量の増大、ストレージでは SSD の活用も進みました。仮想化が主流になり、リソースコントロールにも幅が出ました。そのため、特にシステムを安定させる可用性と性能に関しては、多くの部分をハードウェアで吸収できるようになりました。

ハードウェアの進化によって徐々にプロプライエタリ製品の優位性が薄まってくると、コスト重視のシステムについては OSS の活用が進みます。Oracle DB や DB2 から MySQL や PostgreSQL へのポーティングが考えられますが、実際に対応としようとするといろいろと問題が生じます。

・SQL が変わる
・ストアドプロシージャが変わる
・テーブルやカラム型が変わる
・トランザクションやロック制御が変わる
・オプティマイザが変わる
・個別製品機能の差がある

これらの問題はアプリケーションに大きな影響を与えるので、プログラムの改修が発生します。SQL は製品ごとに方言がありますし、ストアドプロシージャはそのまま実行できないことがほとんどです。テーブルやカラム型が変わるのも SQL 文に影響しますし、格納サイズが変わることもあります。さらにトランザクションやロックの考え方が変わる場合には、アプリケーションが同時実行された時に問題がないか考える必要があります。

　プログラムの改修に加えて、テストもする必要があります。オプティマイザが変わることによって、物理データへのアクセスが変わります。つまり、性能に影響が出るので、SLA を満たせるかを確認する必要もあります。性能の確認には、インデックスの見直しが必要になる場合もあります。

　これらの作業は、システムが大きければ大きいほど膨大になります。作業が多くなれば、その分工数がかかることになるので、その工数と削減できるライセンスコストを比較する必要があります。

　別の製品にポーティングするのは、基本的にインフラサイドの要件になります。アプリケーションの実装の観点からすると、慣れ親しんだ実装方法を捨てて、新しい製品の癖を学ぶ必要があります。さらに、プロプライエタリ製品から OSS へのポーティングになると、漠然とした品質への不安もあります。そのため、アプリケーションの担当者はポーティングしたくないのが本音だと思います。そういうネガティブな人に対してこれだけの対応を強いることになるので、ポーティングの工数を見積もると通常よりも高額になる可能性があります。結果、工数のほうが削減できるライセンスコストを上回ってしまうのはよくあることです。

　そうならないように、インフラの担当者はアプリケーションの担当者とよく話し合い、テストに対して協力的でなければなりません。SQL の変更の特徴を伝えたり、性能が悪くなる SQL を伝える必要もあります。工数の見積もりは精神的な影響もかなり受けるので、そういう要素を払拭することが重要です。そこがクリアできれば、コスト削減が可能になります。

NoSQL の活用で
コストは減らせるか

　基本的に金融系のシステムではトランザクションが非常に重要なので RDBMS が使われることが多いですが、徐々に NoSQL が使われるシーンが増えています。ただ、NoSQL といっても、ジャンルとしてはかなり広いのが現状です。タイプもキーバリュー、カラム型、ドキュメント型などある程度の分類はありますが、同じタイプに分類しても使い方や特徴が異なります。RDBMS の SQL のようにクエリの標準化は進んでいませんし、「利用者側が製品の特長を理解して使いこなすもの」だと理解したほうがいいでしょう。逆にいうと、NoSQL は万能なものではなく、ニーズにフィットしたものを選ぶ必要があります。

安いハードウェアをたくさん使って
スケールアウトする BASE の発想

　RDBMS は、ACID という特性をベースに設計されています。一方、NoSQL は BASE という特性をベースに設計されています。

　ACID の内容を以下にまとめます。

A（Atomicity）……原子性

　トランザクションがすべて実行されるか、まったく実行されないこと。commit コマンドを発行し、処理が完了すればトランザクションがすべて実行される状態。逆に rollback すると、すべて実行されていない状態になる

C（Consistency）……一貫性

決められたルール（データベースで設定する制約など）に合わない時にはエラーになること。たとえば、一意キーを重複して登録できない状態

I（Isolation）……独立性

トランザクション実行中に、ほかからの割り込みが発生しないこと。あるレコードを update 中に commit コマンドを発行しない限り、ほかのトランザクションが更新できない状態

D（Durability）……永続性

トランザクションの完了を受けた時点で、その操作が永続的に保証されること。commit コマンドの応答があった時点で、そのトランザクションはたとえ障害があっても以後保証される状態

基本的に、RDBMS はこれらの動作を保証するためにジャーナルファイルを保持し、トランザクションの推移をシリアルに記録します。その記録を信頼して、トランザクションを保証することができます。つまり、ジャーナルファイルが生命線であり、そのファイル書き込みが RDBMS にとって最も重要であることから、重要な書き込みの時（commit 発行など）には書き込みが完了するのを待ちます。それは、ストレージからの Ack を待つことになるので、RDBMS の性能には一定の限界があることになります。この特徴があるために、多くのトランザクションを同時に処理しなければならないシステムでは工夫が必要になります。

一方、NoSQL は BASE という特性をベースに設計されています。

BA（Basically Available）

複数に分散することで可用性を高めている状態。冗長構成を組んでいるので、それを信頼するという発想

S（Soft-state）

複数に冗長化されているので、仮にデータが失われても後から相互に連携することでいずれ復元できるという発想

E（Eventual Consistency）

一時的に整合性が取れていなくても、最終的に取れればいいという発想

基本的には、ACID を厳密に守ろうとすると特に性能に問題が出るので、BASE という発想が生まれたといえます。

BASE の考え方は、スケールアップではなく、スケールアウトに対応するところを起点にしています。第 9 章のサーバーの部分で記載しましたが、CPU のコア単体の性能増強は限界を迎え、マルチコア化が進みました。この考え方は物理的なサーバー（ノード）の構成にも用いられ、基本的に安いハードウェアをたくさん使い、スケールアウトが考えられるようになりました。そのような時代の流れに対応したのが、BASE の発想ともいえます。スケールアウトして冗長構成を取るので、論理的に可用性は高まっています。つまり、その冗長構成を信頼し（BA）、仮に問題があってもデータは復元できる（S）という流れです。

なお、BASE で肝になる部分は BA です。ソフトウェアの作りが悪いと実現できません。時代は徐々にソフトウェア開発者やアプリケーション開発者に技術力を求めるようになっているともいえるでしょう。高価なハードウェアを使い、プロプライエタリ製品の RDBMS を使えば考えなくても済んだ時代は終わりを告げ、今まで以上に実装上の工夫が必要になっているのです。

CAP 定理があるためデータベースは
スケールアウトが難しい

さて、「BASE の BA の部分は安いハードウェアをたくさん使い、スケールアウトすることで実現する」と記載しました。ただ、データベースはスケールアウトが非常に難しい製品です。それは、CAP 定理があるからです。CAP とは、それぞれ以下の意味です。

C（Consistency）……一貫性

データを取得する際に、常に最新の状態のデータが得られる状態。取得できない場合はエラーになる

A（Availability）……可用性

1 つのノードがダウンしても、ほかのノードで処理が引き継げる状態。SPoF（Single Point of Failure）がない

P（Partition Tolerance）……分断耐性（ネットワークの分断）

ネットワーク障害が発生した時に、複数のノードグループに分かれてしまうが、継続して処理できる状態

CAP 定理では、上記 3 つのうち、2 つしか同時に満たすことはできないとされます。一般的な RDBMS は、C ＋ A の状態です。ただ、すでに記載したように、それでは性能上問題があり、スケールアウトする必要があります。そのため、NoSQL は A ＋ P か C ＋ P を選択することになります。

とはいえ、実際にはシステム全体が 3 つのうち 2 つを選択しなければならないものではなく、個々のサービスや機能での論理といったほうがいいと思います。つまり、1 つのシステムの中でも適材適所で選択する必要

第 12 章　ミドルウェアがコストに与える影響を理解する　　313

があります。たとえば、オンラインショッピングの多くは商品を選んでカートに入れますが、カートに入れただけでは購入は確定していません。そのような時には可用性を重視したほうがいいので、Availability を優先します。逆に、注文を確定するときには Consistency が必要になるので、こちらを優先することになります。

このような処理の段階によって組み合わせる方法は、ほかのシステムでも考えられます。いずれにしろ、ACID に頼った RDBMS を使っていた時代よりも、アプリケーションの設計の難易度は上がっています。これは、安いコストでシステムの性能に対してチャレンジしている結果だと思います。

NoSQL はまだコストを削減するフェーズに入っていない

NoSQL の活用は、RDBMS のようにコストを重視するフェーズに入っていません。RDBMS は、すでに記載したように、10 年以上大きな変化はありません。対して NoSQL は、まだまだ変化が多い状況です。長期でシステムのライフサイクルを考えた場合、コストは性能や可用性と比べると、一番最後に検討をおこなうためです。新しいビジネスやサービスを実現するために、最新の技術とコストを投入し、まず性能や可用性を手に入れます。そのシステムが安定し、アーキテクチャも成熟してきたタイミングではじめて、コストを削減することに着目します。

そういう意味で、NoSQL はまだコストを削減するフェーズに入っていないと思います。MEAN などの NoSQL を組み合わせた一定の標準構成は生まれてきましたが、それ自体がまだ RDBMS を組み込んだ Web3 層構造ほど安定していません。MEAN でいえばデータベース部分が MongoDB になりますが、必ずしも MongoDB を採用する必要もありませんし、実際ほかのものに置き換えられます。性能が足らなければ、必要に応じて Redis の採用もあるでしょう。また、単純にデータベースの良し悪しとい

◎技術のライフサイクルを示すS字カーブ

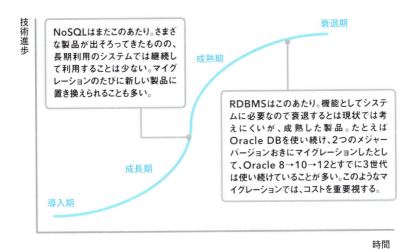

うよりも、たとえば「ノンブロッキングI/Oの構成をどのように実装して、どのようなデータベースがフィットするか？」をアーキテクチャトータルで考える必要が出てきます。そのため、「コストを削減する」というよりも、「アーキテクチャを工夫して性能と可用性がSLAを満たし、かつ予算内に収める」という意味でのコストコントロールになります。

そのためには、先に記載したBASEとCAP定理を理解し、「構築したいアーキテクチャではどの分類が必要になるか？」を整理しながら実装していく必要があります。そのような状況においては、5年、7年と運用し続けられないリスクもあるので、その点には注意が必要です。OSSを多く使うために流行り廃りがありますし、その流れによってエンジニアの確保も難しくなります。SIerに依頼してエンジニアを確保するだけでなく、内製化して実装したとしても、その実装ができるエンジニアを長期にわたって維持するのは現実的ではないためです。そういうこともふまえて、システムの運用・維持を検討しなければなりません。

アプライアンス製品か、汎用品か

　結論から記載してしまうと、私はハードウェアからミドルウェアまで組み込まれたアプライアンス製品よりも、汎用品のほうが好みです。「自分でいろいろ工夫もできるので、いいものを選べる」というのが大きな理由です。アプライアンス製品の導入は、基本的に「ノウハウと時間をお金で買うもの」と考えたほうがいいと思います。

　以下ではアプライアンス製品を選択したくない理由を記載しますが、逆にそれらに対して合理的な説明がつけば、アプライアンス製品は効率的な選択になります。導入時のコストにも関連するので、参考にしながら製品を評価していただければと思います。

アプライアンス製品には汎用性がない

　標準的な構成として組みあがった状態で利用するのがアプライアンス製品なので、汎用性はなくてあたりまえですが、ほかの目的でアプライアンス製品のリソースを使うことができないのでシステムの柔軟性に欠けます。ハードウェア的にリソースに余裕があっても使えないケースがあり、もったいない状況になります。

　基本的に、アプライアンスは小さい単位では増強ができず、ある程度のサイズをまとめて購入します。小売販売ではなく、ロット販売に近いイメージです。そのため、リニアにリソースを増強するのが難しく、余剰を見込む必要があります。第10章の仮想化のところでも記載した買いすぎ現象が、より発生しやすいことになります。

移行、ポーティングが難しい

一度アプライアンスを購入してしまうと、EOS のタイミングで次の世代への移行が難しくなります。同じ製品を購入すれば手間はかかりませんが、選択肢がないということは、価格交渉のカードを失うことになります。当然、ベンダーサイドもその認識はあるので、1 回目の購入時にはディスカウントしてきますが、2 回目以降も同じような価格提供になる保証はありません。1 回目の契約で 2 回目以降の購入まで合意することもできないでしょう。EOS は 5 年以上先になるので、長期契約するのはお互いに現実的ではありません。製品がなくなってしまうかもしれません。

なお、はじめからほかの製品に変更することを考えて実装する方法もありますが、それではアプライアンスの良さを引き出せません。アプライアンスは専用に設計されたハードウェアとチューニングされたミドルウェアの組み合わせになっていることが多いので、アプライアンスを利用する場合には素直にアプライアンスの良さを引き出すべきです。ただ、その選択はどうしても「移行を難しくする」というジレンマを発生させます。

運用方法が制限される

いくつものシステムを運用していると、運用方法は統一したくなります。特に、監視、ジョブ制御、セキュリティ関連、リソースモニタリングのツールなどがバラバラになってしまうと、手間とコストがかかります。

アプライアンスを導入すると、これらの制約を受けることが多々あります。そもそも OS を選択できないケースがほとんどなので、自社で導入している運用ツールをインストールすることすらできなくなります。そうなると、製品に合わせた運用方法の検討が個別に必要になります。

アプライアンス製品によっては運用まで含めたオールインワンもありま

すが、運用の担当者からすると、便利などころか手間が増えることになります。そういった運用に対する個別の検討コストは見えにくいので、慎重に対応する必要があります。

バックアップが難しい

　AP サーバーや DB サーバーなどを組み合わせたアプライアンス製品の場合、データを保存するディスクが搭載されています。共有型ストレージと異なり、サーバーの内蔵ディスクに近い構成です。データベースのアプライアンス製品であればストレージノードが別になっていることもありますが、それでもストレージほどの機能はないので、ハードウェアレイヤーよりもミドルウェアレイヤーでいろいろと考慮が必要になります。

　そうなると、けっこう手間がかかってしまうのはバックアップです。もちろん、バックアップできるソリューションは提供されるのですが、ほとんどの製品では、OS イメージ丸ごとスナップショットを取得するようなバックアップはできません。そのため、元から組み込まれているものに自分でプログラムや運用ツールなどを追加するといった手当ては個別におこなう必要があります。同じように、レプリケーションや遠隔地バックアップ（筐体外へのバックアップ）も個別に手当てする必要があります。

　このように、アプライアンス製品にはいろいろとネガティブな部分が多く、個人的には極力導入したくありません。これまでいろいろなシステムを経験しましたが、ほぼすべてのシステムが汎用製品の構成で構築可能です。プロジェクトの体制や時間などの制約がある場合は仕方ないと思いますが、知恵と工夫でシステムを構築し、適切なコストコントロールをすることは重要だと考えます。

第 13 章

システムタイプごとの
高コスト、低コスト

シンプルな
AP、DB の構成

　これまでは、システムのパーツごとのコストに対しての考え方を記載してきました。最後は、システムのタイプごとにコストの検討ポイントを記載していきます。システム全体を俯瞰して見た場合に、どのようなポイントでコストを意識すべきかを、これまでの内容を組み合わせてまとめていきます。

　AP サーバーが 1 台もしくは 2 台で、DB サーバーが 1 台の構成は、社内を見回すとよく見かけるシステム形態ではないでしょうか。そのようなシンプルな構成の場合には、サーバー仮想化の技術を使い、リソースの増強のしやすさと、可用性の確保を検討するのがいいでしょう。第 4 章の SLA で記載した例であれば、ダウンタイム 30 分以内までを対象とし、コスト重視の環境構築を目指す必要があります。具体的には、以下の項目を検討します。

・汎用的な IA サーバーを使う
・仮想化を使ってリソースを柔軟に確保できるようにする
・CPU とディスクはオーバーコミットする
・N ＋ 1 の構成にする
・HA の切り替えは仮想化製品に任せる
・オンプレで進めるなら松竹梅プランにせず、細かい要件に柔軟に対応できるようにする

汎用的な IA サーバーを使う

現在のシステムでほとんどのものは、IA サーバーでカバーできます。IA サーバーは、エンタープライズ用途の中で最もコモディティ化されていて、製品選択の幅が広いため、購入者からすると比較検討しやすいものになります。最近では、ラックマウントサーバーでも CPU のマルチコア化、メモリの大容量化にかなりのレベルまで対応できます。

なお、サーバーを選択する時には、メモリの搭載量を意識してください。第 9 章で記載したように、メモリはコストパフォーマンスがいいためです。

仮想化を使ってリソースを柔軟に確保できるようにする

仮想化製品を導入し、リソースの変更を柔軟に実現できるようにします。変更するパラメータは CPU 数、メモリサイズ、ディスクサイズになるので、これらの要素があらかじめ変更されることを念頭に OS やミドルウェアを設計します。第 10 章「リソースをリニアに追加・削除するときの注意点」で記載した内容を実践する形でシステムを設計していきます。

CPU とディスクはオーバーコミットする

サーバーを仮想化してオーバーコミットした場合、CPU、メモリ、ディスクのリソースの中で一番性能に影響するのがメモリになります。CPU とディスクは、オーバーコミットによって処理が競合した場合、基本的には待たされるだけです。待たされることでもちろん性能は落ちますが、劇的に遅くなることはありません。一方、メモリの場合、枯渇すると待たされるのではなく、ディスクにスワップしようとするので、劇的に遅いデバ

イスアクセスに変わります。つまり、メモリは枯渇することで、システムのバランスを大きく変えてしまうのです。システムのバランスが変わるとトラブルの原因になるので、開発環境ならいいかもしれませんが、本番環境ではメモリのオーバーコミットに慎重になる必要があります。

N＋1の構成にする

　冗長化のために、下図のようにN＋1で構成し、クラスタグループ化します。最小は2台ですが、その後は冗長化のためのサーバーを購入せずに追加することができるようになります。台数が多くなればなるほど、リソースの利用効率は良くなります。

　なお、その時注意が必要なのは、物理CPUを意識するソフトウェアのライセンスです。Oracle製品などはN＋1のクラスタ全体にライセンスがかかるので、クラスタの規模が大きくなるとライセンスコストが大きくなってしまいます。

HAの切り替えは仮想化製品に任せる

　可用性についてですが、物理サーバーがN+1の構成になっていれば、待機サーバーがあることになるので、切り替えればすぐに復旧できます。HAの切り替えは、仮想化製品に任せるのがいいでしょう（VMwareであれば、vSphere HA）。切り替え検知後、OSからミドルウェアまでの起動は数分で可能です。

　ミドルウェアの起動後はアプリケーションの起動が必要ですが、サーバーが停止した場合はグレーデータ（処理未完了のデータ）がある可能性があるため、ミドルウェア起動後に自動でアプリケーションが正しく起動するように構築しておく必要があります。システムにもよりますが、自動

◎ N＋1で冗長化した場合の稼働率とライセンス

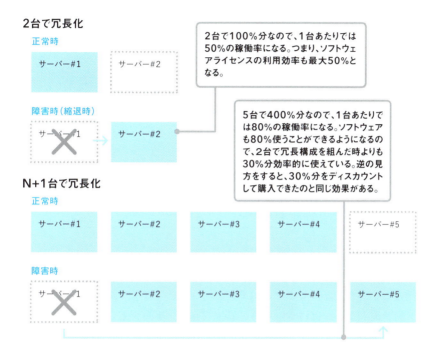

で起動できるように構築しておけば、15分以内の復旧は現実的な時間になると思います。

オンプレで進めるなら松竹梅プランにせず、細かい要件に柔軟に対応できるようにする

このような環境を検討していると、必ず「サーバーをいくつかにパターン化して、合理化しよう」というアイディアが出てきます。松竹梅のようにいくつかのパターン化したサーバーを用意して選択させようとするやり方です。

◎松竹梅でパターン化して検討

検討されがちなパターン化

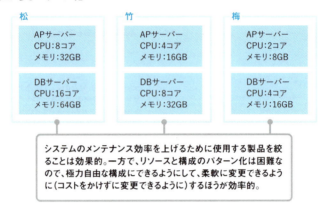

　一見すると合理的なような気がしてしまうのですが、現実のシステムに照らし合わせると、その方法はあまりいい選択ではありません。実際に私も松竹梅パターンに持ち込もうとしましたが、失敗しました。思ったようにパターンにはまらず、選択してもらえないのです。

　すでに記載したように、システムは毎回がカスタムメイドなので、無理にパターンにはめようとせずに、柔軟に変更できるようにすべきです。これは上記のCPU、メモリ、ディスクの変更を許容していれば実現可能です。また、実際にシステムを構築していて、柔軟に変更できるほうが利用者から見ると細やかなフォローをしてもらえる感じになるので、利用者の満足度も向上します。

　このようなポイントに注意して環境を構築することで、基本的なシステム構成のものはほぼすべてカバーすることができます。最近ではIAサーバーでも50コア以上搭載できるものもありますし、仮想化の技術を使えば15分以内に復旧するSLAも実現できます。ぜひ集約率を高めてコスト重視を実現してください。

同時実行ユーザーが多いシステム

社内向けではなく、インターネットなどで不特定多数の人が利用できるシステムを提供する場合、アプリケーションの同時実行ユーザーがかなり多くなることが予想されます。さらに利用者が不特定多数の場合、何かのタイミングで同時実行が多くなるケースがあります。そういったシステムを構築する時には、独特の考慮点が必要になります。具体的には、以下の項目を検討します。

- スケールアウト構成を基本に考える
- 処理のピーク性を意識する
- トランザクションの厳密性が必要な部分を切り出す
- 一貫性をもたせてデプロイする
- 流量制限や利用停止ができるようにする

スケールアウト構成を基本に考える

同時実行ユーザーの多いシステムにおいては、処理を分散してスケールアウトできるようにするのが鉄則です。たとえばオンラインショッピングサイトであれば、同時実行しているユーザー間のやりとりはなく、ユーザーごとに独立したトランザクションでの処理を提供できます。つまり、ユーザーごとに処理を実行できるので、その単位で分割してスケールアウトしていきます。

第 13 章　システムタイプごとの高コスト、低コスト　　325

◎トランザクション単位で処理を分割してスケールアウトしていく

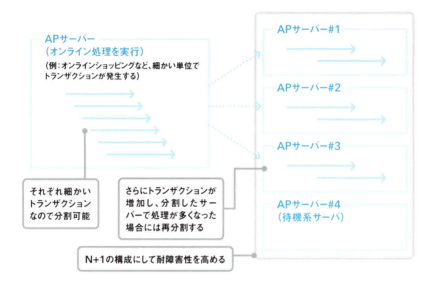

スケールアウトするには、次のいずれかの構成にします。

・「シンプルなAP、DBの構成」でも記載したN + 1の構成
・"+ 1"を除いたN台構成

前者の場合は厳密に冗長性を確保したことになりますし、後者は「台数が多く、1台くらいダウンしても問題ない」という構成になります。どちらでも構成できますが、台数によって稼働率が変わるので、性能を加味して検討する必要が出てきます。たとえば、Nが3の場合、3台のうち1台が故障してしまうと2台になり、性能は33.3％減の66.6％になります。一方で、Nが10の場合は、1台が故障したとしても、9台での稼働になるため、性能は10％減の90％になります。実際にどれだけの性能を確保しておけばいいかはシステムの要件や特性によって変わってくるので、そのシステムの目標値を明確にしておく必要があります。

◎ 3台で冗長化している場合、10台で冗長化している場合の稼働率と性能

3台で冗長化

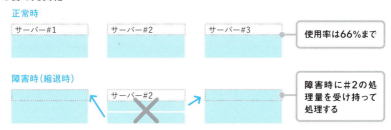

10台で冗長化

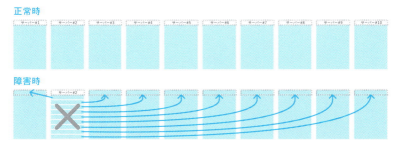

　また、極力 N 台のサーバーに処理の偏りが発生しないようにする必要もあります。処理に偏りがあるような分散方法にするとスケールアウトが難しくなる可能性もありますし、偏って一番処理量の多いサーバーを基準に構成するサーバーを選択する必要があります。それは、「処理量の少ないサーバーは、利用効率が下がって無駄になる」ことを意味します。

　たとえば、次ページの図のようにサーバー #1 には 10 の処理、サーバー #2、3、4 には 5 つの処理が振られるようになってしまったとします。それぞれの 1 つ 1 つの処理は同じだとすると、サーバー #1 だけ 2 倍の処理をおこなう必要があり、高負荷となります。そうなると、サーバー #1 の処理量を基準にサーバーの処理量を算出してクラスタ化する必要がありますが、サーバー #2、3、4 はオーバースペックなものを採用していることにもなります。

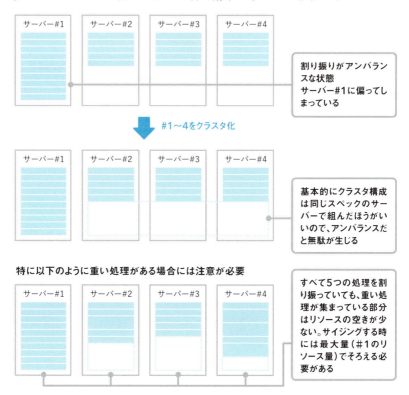

　一般的にはロードバランサーを入れて分散するパターンが多いと思いますので、そこまで偏ることはないかもしれませんが、それぞれのサーバーで実行される処理が均一にならない場合には注意が必要になります。特に1つの処理でも重いものがある場合には注意が必要です。

　システムのグループ単位でスケールアウトする方法もあります。システムのリリース直後は利用者が少ないものの、その後加速度的に利用者が増えるようなケースです。そのような場合、APサーバーはスケールアウトすればいいので拡張しやすいのですが、DBサーバーはスケールアウトが難しいですし、スケールアップにも限界があるので、拡張は難しくなります。

そのため、「拡張する単位を1つのセットとして構築し、そのセットのリソースが足らなくなったら次のセットを拡張する」という方法があります。下図のように、APサーバー5台、DBサーバー1台を1つのセットとして見立てます。システムリリース直後は、1つ目のセットを利用します。仮に1つ目のセットで1万人の処理を受け持つとした場合、利用者が1万以上になるタイミングで、次のセットを追加していきます。

◎1万人を受けるキャパシティをもつセットを追加していく

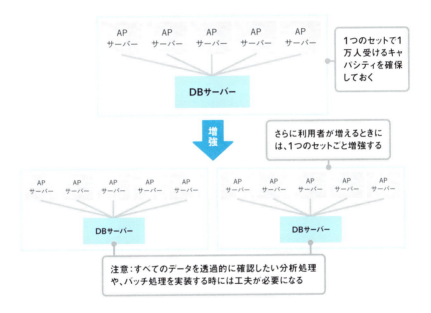

このような構成にした場合のメリットは3つあります。

①既存の利用者に影響が出ない

　すでに利用している環境とは別に追加することになるので、既存の利用者に影響が出ないことになります。APサーバーもDBサーバーもスケールアウトするように設計できれば1セットでシステムを構成することも

できますが、追加で何か問題があった場合はすでに利用している人にも影響が出てしまいます。

◎1セットでスケールアウトする場合と、セットで追加する場合の利用者への影響

分割しない場合

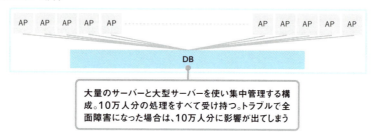

セット単位で分割する場合

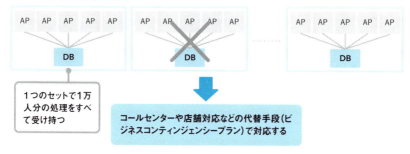

　クラスタ構成にした場合、クラスタへの追加と削除はシステムのバランスを崩す可能性もありますし、クラスタの仕組み自体が難しいものなのでソフトウェアのバグを引く可能性も高まります。そのため、論理的にはスケールアウトできそうな気がしますが、実際には動作させてみないとわからないこともあります。結果的に、セット単位で分割すると、仮に新しく追加したセットで問題が発生しても既存のセットとはシステム的に独立しているので、既存のセットはそのまま運用できます。

　これは、利用者にもメリットがあります。仮に何かの問題でシステムが

停止してしまった場合、1セットですべてを構成していると、利用者全員がシステムを使えません。インターネット向けシステムであれば、お知らせページに「ただいまシステムが利用できない状況になっています」などの全面停止のアナウンスが必要になります。一方、セット単位で構成している場合には、「一部の利用者でシステムが利用できない状況になっています」というアナウンスになります。もちろんトラブルが発生しているので利用できない人がいることに違いはないのですが、全員に対してではなく、限定的な影響にすることができます。また、利用できていない人も特定しやすいので、ビジネス的なコンティンジェンシープラン[1]も発動しやすくなります。コールセンターや店舗対応の機能があれば1万人分なら受けられるかもしれませんが[2]、それが10セット（10万人分）となると、対応は非現実的になります。

> ※1　システムにトラブルが発生した時のためのプラン。システム的なバックアッププランだけでなく、システムを使わないプランの検討も重要。
> ※2　本当に1万人の対応をするとなると現実的には困難ですが、実際にはトラブル時に1万人分のアカウントがすべて利用されているとは限らない。企業としてはアカウントの稼働率が高いほうがいいことにはなるが、現実的にはそこまで稼働率を高めるのは難しいので、実際の稼働率ベースでコンティンジェンシープランを策定するのが現実的となる。

②性能を保証しやすくなる

先ほど記載したように、DBサーバーはスケールアウトが難しいことに加え、どこまでスケールアウトするかのテストが必要になります。スタートアップ時には利用増加が読めないようなケースに採用するインフラ構成になるので、どこまでスケールアウトのテストをするかの判断も難しくなります。仮に提供するサービスが大ヒットすれば100万人まで広がるか

もしれませんが、あまり人気が出なければ1万人になってしまうかもしれません。

◎ **セット単位で分割する場合、しない場合のテスト規模**

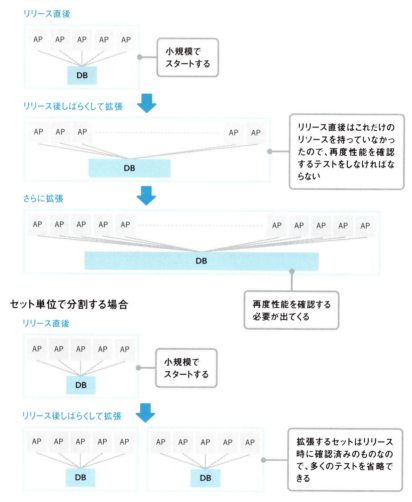

そのような読めない環境において、10万人分までテストすればいいのか、100万人分までテストすればいいのかの判断が難しくなります。また、オンプレの場合、そもそも徐々に拡大していきたいので、巨大な規模でのテストはできません。仮にクラウドを使ったとしても、それだけのリソースを使ってテストをするのにはコストもかかります。

　そのため、ある程度の単位（これまでの例では1万人分）でシステムをセットとして完結させてしまい、その単位の性能を保証することで、検証にかかるコストを抑制することができます。

③ハードウェアの世代交代に合理的に対応できる

　数カ月単位で爆発的に利用者が増加するのであればあまり意識する必要もありませんが、1年、2年かけて利用者が増加するケースも考えられます。そのような場合、はじめに構築したタイミングと、2年後に増強するタイミングでは状況が変わっています。第9章で記載したように、ハードウェアはCPUのマルチコア化やメモリの大容量化が進むので、徐々に性能単価は下がっていきます。

　当然、2年後に安く購入できるサーバーがあるのであれば、それを導入すべきです。そのような新しいサーバーがコスト的にメリットがあると判断できれば、追加セットごとに途中からコストダウンできます。

　なお、ハードウェアの世代が変わってもサーバーを仮想化していれば影響は局所的にできますが、ミドルウェアのバージョンがバラバラになってしまうとセット間のコントロールが複雑になります。そのため、基本的にミドルウェア、ソフトウェアは同じものになるようにコントロールする必要があります。

◎増強のタイミングでインフラの世代も変わる

セット単位で分割する場合

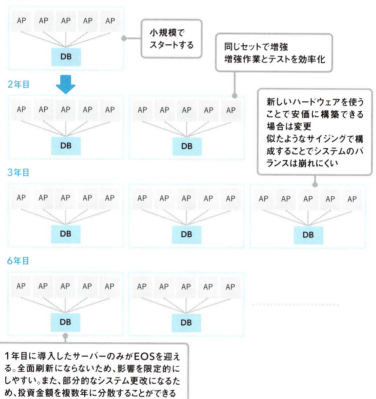

　これまではメリットの話でしたが、セットで構成する場合のデメリットもあります。それは、セット間での処理がどうしても発生することです。集計処理であったり、名寄せのような集約処理だったり、セット全体で処理するものです。そのような処理を外だしして別の部分で処理させるか、そのセット内で処理させるか、実装の仕方はいろいろありますが、いずれにしてもそういう処理が必要です。

そのような処理はセット単位で完結できないので、システム全体のアーキテクチャとしてはじめに検討しておく必要があります。この検討は、1セットでまとまっている時と比べて複雑になるので、デメリットになりますが、これまで記載したメリットのほうが大きいことも考えられます。システムが提供するサービスの状況をよく検討し、採用する必要があります。

処理のピーク性を意識する

　処理のピーク性はシステム次第なので、どのように利用されるかをよく考える必要があります。たとえば、証券会社が提供するオンライントレーディングシステムと、銀行が提供するオンラインバンキングシステムでは、考え方がまったく異なります。証券会社のオンライントレーディングシステムの場合、最も利用されるのが東京証券取引所の前場（午前の取引）が開く朝9時前後（寄付といいます）です。9時ちょうどからの5分間が最も高負荷になり、その後は処理量が減っていき、1日の終わり（15時の大引け）に少し処理が増えます。一方、銀行のシステムでは負荷に多少の山はあるものの、ある一時点に処理が極端に集中することはありません。

　いずれのタイプにおいても、ピーク時を無事に乗り切らなければならないので、最大量をピーク時点として見積もる必要があります。

　難しいのは、極端に処理が集中するタイプのシステムです。処理のピークに合わせてリソースを確保すると、ピーク以外の時間帯は遊んでしまうリソースになるためです。そのようなシステムは、クラウドのようにシステムリソースを変更できる環境が向いているといえます。オートスケールなどと呼ばれますが、コストの観点から重要なのはスケールした環境をシュリンクすることなので、ピーク性をよく確認して縮退させる必要があります。

第 13 章　システムタイプごとの高コスト、低コスト　　335

◎処理のピーク性とリソースの利用率

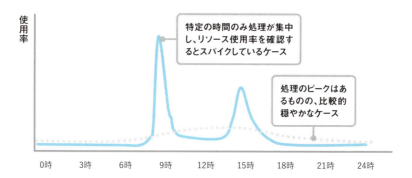

スパイクするケース

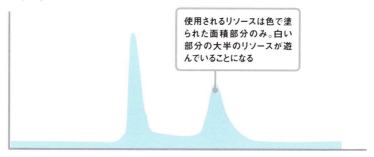

　さらに難しいのは、いつピークがやってくるかがわからないケースです。オンラインショッピングサイトであれば、普段はそこまでアクセスがないにもかかわらず、有名人がツイートしたり、マスコミなどで紹介されたりすると、そのタイミングで突然負荷が上がる可能性があります。金融系のサービスの場合は、XXXショックなどと呼ばれるタイミングで相場が大きく動きます。最近だとリーマンショック（2008年にリーマン・ブラザーズが倒産）の世界金融危機が大きなものになりますが、そのようなタイミングではシステムも通常とは異なった動きをして、利用されるリソースも大きく異なります。そのような突発的なピークは、なかなか読むことができません。

「リソースが不足したと思った時には、すでに手遅れ」ということも多いと思います。システムに対しての要求処理量が増加しているタイミングで、一度システムがスローダウンしてしまうと、回復させることはほぼ不可能です（詳細は、後述の流量制御のところで解説します）。また、「CPU 使用率 80％で注意、90％で警告」のような感じで、通常時からリソース使用率の監視設定を入れていると思いますが、そのような監視設定で 80％になってから増強しようと計画していたとしても、80％→ 90％→ 100％の時間はかなり短いものになります。そのため、実際には徐々にリソースが逼迫するのを観察している余裕はなく、即時判断で増強し、リソース不足の兆候が見られる前に増強していく必要があります。

トランザクションの厳密性が必要な部分を切り出す

　トランザクションについては、要件を整理することで、第 12 章で記載した NoSQL の活用も考えられます。厳密にトランザクションを意識する場合、RDBMS のほうが実装しやすくなりますが、一方で性能面で問題になることがあるからです。

　そのため、RDBMS で実装する部分を減らすのもテクニックです。オンラインショッピングサイトであれば、一番重要なのは商品を購入するタイミングです。実際にお金を支払う決済のタイミングでデータの不整合が発生することは許されません。一方で、商品を探している時や、カートに入れている状態では、まだそこまで重要ではありません。さらに、商品を探す人と、実際に購入まである人では、数にかなり差があります。商品にアクセスして購入する人の確率を転換率といいますが、商品によって差はあるものの、1 〜 2％以下が多いようです。仮に 1％だったとした場合、商品を探す処理に比べ、購入（決済）までする数は 1/100 になります。イメージとしては、次ページの図のような逆ピラミッド型になります。

第 13 章　システムタイプごとの高コスト、低コスト　　337

◎処理量の逆ピラミッド

処理をレイヤーで考える

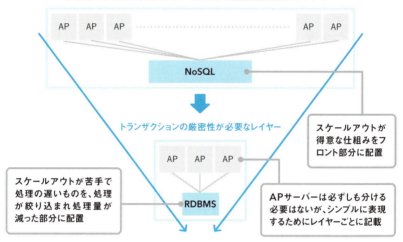

　つまり、決済を RDBMS で実装するなら、商品を探す部分に比べて 1/100 のトランザクション量を考慮すればいいことになります。一方、商品を探す部分は厳密なトランザクションを必要としないので、ノンブロッキング I/O の仕組み + NoSQL を活用しやすくなります。このように、負荷のかかる処理と、そうでない部分の処理方式は分ける必要があり、アプリケーションやサービスの性質によって構成を検討する必要があります。

一貫性をもたせてデプロイする

　AP サーバーを多くしてスケールアウトする場合、プログラムのバージョンに一貫性を持たせてデプロイするのが難しくなります。仮に 100 台のサーバーで運用したとして、新しいバージョンのアプリケーションをデプロイしたいとします。システムを停止するメンテナンスウィンドウが確保

できれば、そのタイミングでデプロイすればいいのですが、停止せずに配信したくなると難しくなります。台数が多くなってくると、まったく同時にすべてのサーバーに配信するのが難しいためです。極端な例として、100台に対して1台ずつデプロイしたとすると、はじめにプログラムがデプロイされたサーバーと、最後にデプロイされたサーバーには時間差ができてしまいます。それは、複数の利用者がロードバランサーで分散された時に、サーバーごとによって異なる動きをする可能性があることになります。

　そのため、そうならないような仕組みを考える必要があります。たとえば、利用者が少ない時間帯に、100台のうち50台をロードバランサーから切り離します。切り離したタイミングで、それらのサーバーに新しいアプリケーションをデプロイします。そして今度は、デプロイ済みのサーバーをロードバランサーに組み込み、残りの50台を切り離す作業をおこない、残りの50台にもアプリケーションをデプロイします。

　発想としては似ていますが、クラウド環境などではブルーグリーンデプロイメントという方法もあります。イミュータブルインフラストラクチャーという構成にしておく必要がありますが、下図のように毎回インフラを作り直し、今まで使っていたものを捨ててしまう考え方と、アプリケーションデプロイをミックスさせる方法です。

◎ 100台を一斉にデプロイする場合、半分ずつデプロイする場合

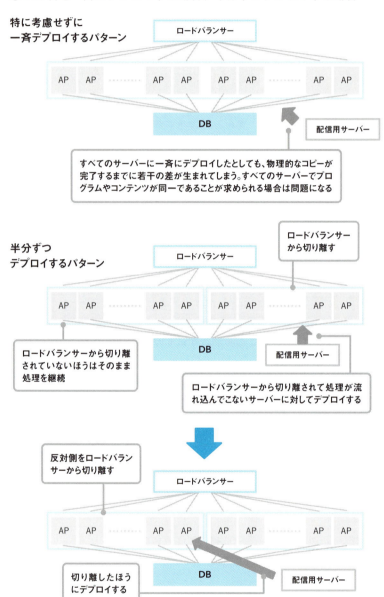

◎イミュータブルインフラストラクチャーとブルーグリーンデプロイメント

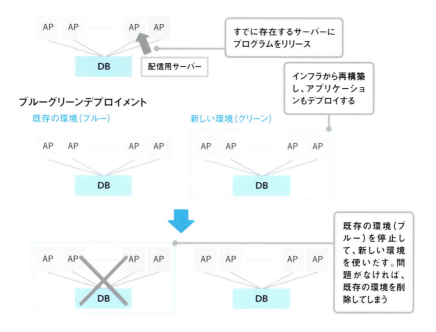

イミュータブルインフラストラクチャーを実現するには、クラウドか仮想技術の活用が不可欠です。

このメリットは、毎回作り直すことによって、システムの品質を安定させることと、既存の環境を少し残しておき、システム上問題があったらその環境に戻すコンティンジェンシープランが取れるということです。そのように毎回環境を作り直し、同じようにロードバランサーで向き先を切り替えることで、安定して安全なデプロイが可能になります。

なお、これらのインフラに頼ったコントロールではなく、APサーバーで複数の世代を管理する機能があるものもあります。いずれにしても、プログラムのバージョンに一貫性を持たせてデプロイするには工夫が必要になります。

流量制限や利用停止ができるようにする

　トランザクションの部分の逆ピラミッドでは、一番下の部分の処理が重いことになります。重い部分の処理が詰まると、徐々に上層部に波及してシステム全体がスローダウンすることになります。そのため、一番下に向かって処理が集中してしまわないように、流れ込む処理量を制御する必要が出てきます。一番下がRDBMSであれば、そこに対して張れるコネクションの本数を制限する、などです。本数を制限することによって、RDBMSがハングしてしまうのを防ぎます。

　何度か記載していますが、RDBMSはトランザクションに厳密ですが、性能の問題を引き起こすことが多くあります。これまでも第11章（ストレージ）と第12章（ミドルウェア）で記載してきましたが、具体的には以下の2つの理由に起因します。これらについて、復習もかねて組み合わせて解説します。

・トランザクションに厳密で、同時並列処理を受けられない
・データの永続性を担保する必要があり、低速なディスクに性能が依存する

　まず、トランザクションを厳密に管理する部分についてですが、こちらは第12章で記載したように、ジャーナルファイルで発生したトランザクションの順序を保証して確実なものにします。そのため、P.345の図のようにジャーナルファイルに書き込む前の処理は並行で処理できますが、ジャーナルファイルに書き込む部分は、シーケンシャルな処理になってしまいます。つまり、同時トランザクションが多いと、このタイミングで待ちが発生します。

◎処理量の逆ピラミッドの一番下に処理が集中しないようにする

処理をレイヤーで考える

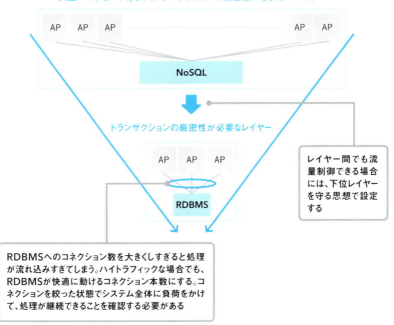

続いて永続性担保の部分ですが、先ほどのジャーナルファイルは永続性を必要とするので、必ずこの部分でディスクアクセスが発生します。ジャーナルファイルへの書き込みは同時並行でできないうえにディスクアクセスを必要とするため、ボトルネックになりやすい特性があります。

このように、RDBMSを使ってトランザクションを厳密に保証しなければならない時には、そこがスローダウンして処理が遅くならないような工夫が必要になります。

一方で、最下層のRDBMSに処理が集中しないようにそこへ流れ込むコネクション本数を制限するということは、上層部はある程度処理を滞留できるような構成にする必要が出てきます。APサーバーはスケールアウ

トしやすいので、Java であればメモリを多めにしてスレッドを滞留させることができます。

　なお、滞留するスレッドにも限界があるので、「システムが健全に動けているか」「スレッド数がどのような状況か」を監視する仕組みを入れる必要があります。滞留するスレッド数があまりにも多くなるのであれば、次の対処が必要になります。

・そもそも処理が遅く滞留になっている RDBMS の性能を上げて、さらに処理できるコネクション数を増やす
・さらに処理が滞留できるように、Java へのメモリ割り当てを増やす

　もちろん後者は原因を根本的に解決していないので、問題を完全に解消することはできません。

　なお、RDBMS の性能を上げるのはかんたんではないので、正しいアプローチとしては今回の例であれば Java プログラムから発行している SQL が無駄な処理をしていないかを確認することになります。第 12 章の「RDBMS で無駄なリソースを使う問題をどう解決するか」でも記載した内容ですが、多くのシステムでは SQL を見直すことで大きく改善します。

　さらに、処理を大量に受けつけるには、ノンブロッキング I/O の仕組みを使うことも可能です。ノンブロッキング I/O は、SPA（Single Page Application）アーキテクチャと相性のいい仕組みで、組み合わせて使用するのが一般的です。俗に「スタバ方式」などと呼ばれるパターンになります。文字で説明するよりも図のほうがわかりやすいので、P.346 の図を参照してください。概念だけ理解しておけば十分だと思いますが、詳細は node.js の動作などを確認するといいでしょう。

◎ RDBMSのジャーナルファイルの動き

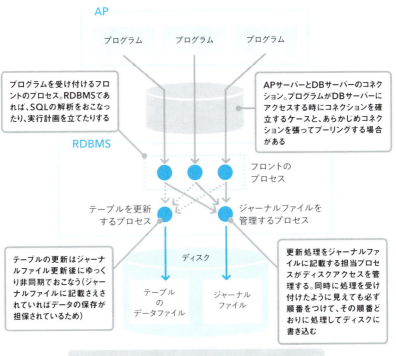

◎ノンブロッキング I/O の動作概念とスタバ方式

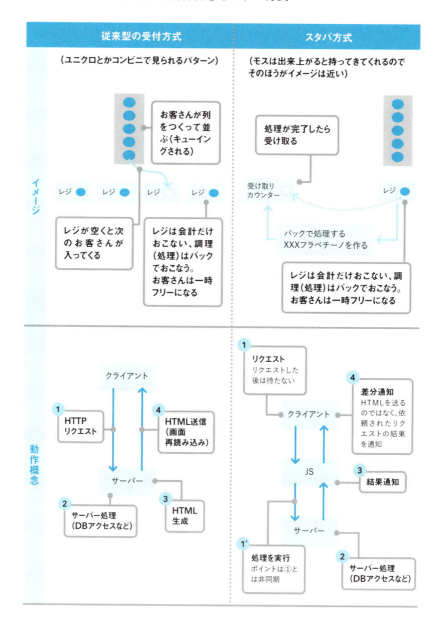

このように、ノンブロッキングI/Oの場合、リクエスト処理を受け付けられた後は非同期になるので、別の処理をおこなうことができます。一方で、下図のように従来型のWebページが遷移する方法だと利用者からはその間I/Oがないような状況になります。

◎ SPAをノンブロッキングI/Oと組み合わせて使う場合

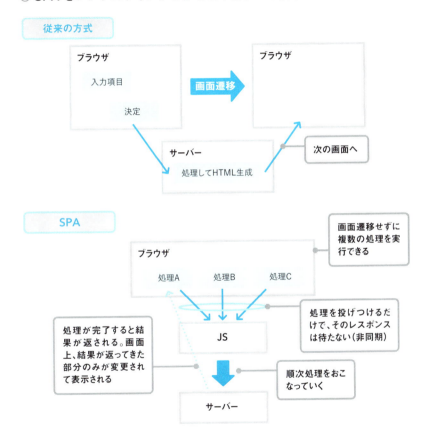

　とはいえ、SPAで実装しているページ以上の操作はできないので、ノンブロッキングI/Oの仕組みを実装する場合にはユーザーインターフェー

スをどのように設計するかが非常に重要になります。いずれにしても、システムにとって最も止まってほしくない部分はなんらかの形で守らなければならず、流量制御の検討と、高負荷時に処理を滞留させる仕組みが必要です。

　このように、同時実行ユーザーが多いシステムの場合は、ピーク性を把握しつつ、システムの一番弱い部分を把握し、それを守る工夫が必要になります。そのうえで、システム全体のバランスを考え、効率的なリソース使用を検討することで、結果としてハードウェアやソフトウェアのコストを削減することができます。

ミッションクリティカル系

　ミッションクリティカルなシステムは、コストよりもまずは安定して動くことが求められます。ただし、いくら重要であっても「コスト度外視」というわけにはいきません。一定のコスト合理性を追求する必要があり、そのポイントを記載しています。

・壊れにくいハードウェアを選択する
・構成をシンプルに
・足回りは強いものを選択
・インフラエンジニアがアプリケーションに介入する
・ウォームアップを入れる
・最新のソフトウェアは使わない

壊れにくいハードウェアを選択する

　ミッションクリティカルなシステムがトラブルで停止すると、企業としては非常に大きな影響を受けます。企業活動が停止することもあるでしょうし、社会的信用を失うこともあるかもしれません。

　そういう経済的損失以外に、トラブル対応にもコストがかかります。トラブル発生時には多くの人数が投入されますし、場合によっては普段会うこともない上層部の人が来ることもあり、説明やその対応にいつも以上に時間がかかることもあるでしょう。さらに、大規模なシステムトラブルが発生すると、復旧・原因調査・対応完了までかなり時間がかかるケースもあります。そのような対応は最優先でおこなう必要がありますが、障害対

第13章　システムタイプごとの高コスト、低コスト　　349

応を優先するということは、進行中のプロジェクトを止めてしまうことにもなります。そのため、ミッションクリティカルなシステムで一度トラブルを起こしてしまうと、非常にコストがかかってしまいます。損失の試算は難しい部分がありますが、そういう認識をしたうえで、システムの可用性を設計する必要があります。

インフラにおけるトラブルは、ミドルウェアなどのバグに起因するものもありますが、やはり一番多いのはハードウェアの故障です。そのため、多少高くてもハードウェアは安定して壊れにくいものを選択するのが、意外にも一番のコスト削減だと思います。第2章の「製品の強み、弱みを正確に把握する」でも記載したように、製品をしっかりと把握したうえで、良いものを選択するのが近道です。

さて、採用する製品もすべての構成をハイエンドのものにしてしまうと、コストが膨大になってしまいます。ミッションクリティカルなシステムに限った話ではありませんが、システムの大障害になるパターンは、以下の機器が故障することです。これらの可用性を重点的に高める必要があります。

①ストレージ（ブロックストレージ）
②データベースサーバーのハードウェア
③ネットワーク

①ストレージ（ブロックストレージ）

ストレージに関しては第11章でも記載しましたが、カタログスペックでは見えない差があるのは事実です。SPoF がないことを確認するだけでなく、「どのような仕組みで SPoF がないように設計・実装されているか?」が重要になります。また、ストレージ本体だけでなく、FC ケーブル、FC-SW の冗長性とその動作についても確認する必要があります。

なお、システムによってはストレージの筐体自体を二重構成にすることもあります。ミッションクリティカルなシステムの中でも特に重要なケー

スになると思いますが、ストレージ筐体からの二重化は設計が難しくなります。ストレージが2つになってしまうと、守りたいサーバーのOS上で動作するアプリケーションに影響が出てしまうので、間にボリュームマネージャを導入し、アプリケーションにはストレージが1つであるように伝える必要があります。

◎ストレージ二重化の仕組み

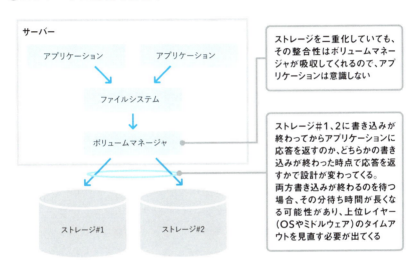

正常に動作している場合は問題になりませんが、設計が難しくなるのは、何らかの理由でストレージの応答がない場合です。第11章の「ブロックストレージの投資対コスト」でも記載しましたがストレージの中身の実態は「複雑なサーバー」ともいえます。そのため、いろいろなパターンで応答がなかった時のタイムアウト値を考える必要があります。

ストレージを二重化する場合、間にボリュームマネージャが入ることによって、ストレージのタイムアウト値だけでなく、それぞれのタイムアウト値をボリュームマネージャが吸収し、さらにミドルウェアのタイムアウト値を見直す必要が出てきます。世の中の多くのシステムでは、ストレ

第13章 システムタイプごとの高コスト、低コスト　351

ジ筐体から二重化することはないでしょう。コストが非常にかかってしまうからです。そのため、ミドルウェアのタイムアウトのデフォルト値は、ストレージ筐体が二重化されていることを考慮していない可能性があります。結果的に、ストレージ筐体が二重化されている場合は、タイムアウト値の設計をすべて見直す必要が出てきます。

②データベースサーバーのハードウェア

　これまで何度か記載してきましたが、データベースの冗長構成（クラスタ構成）は難しいため、可用性の担保が複雑になります。そのため、そもそもデータベースで採用するハードウェアは故障が少ないものを選択すべきです。逆に、AP サーバーのようにクラスタ構成が容易なものについては、そこまで高価なハードウェアを使わずに汎用的なサーバーを活用し、台数で可用性を担保することができます。

　なお、データベースのサーバーを選定する時には、第 2 章の「製品の強み、弱みを正確に把握する」でも記載したように、実機を見るのが非常に重要です。「どこの部品が二重化されているか」を実際に目で見て確認するのは効果的です。特に二重化が難しいバックプレーンや、サーバー内の配線処理は確認する必要があります。物によっては、サーバー内の配線を物理的なケーブルを使わず、基盤にプリントして断線しないようにしているものもあります。また、実際に稼働しているサーバーラックの背面を見て、どのように配線処理するかも確認したほうがいいでしょう。あまりにもゴチャゴチャしていると、冷却に影響が出る場合もありますし、部品交換時に触れてしまい二次災害を起こす可能性もあります。製品は時代とともに進歩していくので、高価なサーバーを導入することがあれば、ぜひ実際のハードウェアを確認すべきです。

③ネットワーク

　ネットワーク機器はそれほど故障が多いものではありませんが、NIC（ネットワーク・インタフェース・カード）を含め、二重化が機能してい

るか必ず動作確認する必要があります。まれにですが配線ミスをすることもありますし、OS 上の設定をミスしていることがあります。

　ネットワークがトラブルになってしまうと、その影響範囲はかなり大きくなりますし、基本的にシステムが全停止してしまいます。そのため、実際に期待したどおりに動作するかは確認が必要です。

構成をシンプルに

　続いて、構成についてです。冗長構成を組む手段として、クラスタ化があります。AP サーバーのクラスタ化は、これまで記載したようにスケールアウトしやすく、性能と可用性の向上を両立できます。一方で、DB サーバーの場合はかんたんではありません。特に過度なクラスタ化は、逆に可用性を下げてしまう可能性があります。DB サーバーをクラスタ化して可用性を上げようとしたときに検討されるのが、Oracle RAC や DB2 pureScale になると思います。データベースのレプリカを作成しておいて、高速に切り替えるパターン（Microsoft SQL Server のデータベース ミラーリングなど）もあります。

第 13 章　システムタイプごとの高コスト、低コスト　　353

◎すべてのサーバーが稼働する構成、レプリカを作成して切り替える構成

Oracle RACのようにすべてのサーバーが稼働する構成

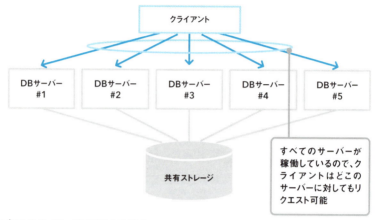

レプリカを作成して切り替える構成

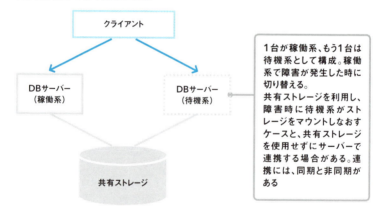

　Oracle RAC タイプの構成になると、クラスタに所属しているノードはすべて稼働しているので、システムリソースの効率も上がっています。仮に障害が発生してノードが切り離された時に性能を落とさないようにするのであれば、これまで記載した N + 1 と同じリソース効率の考え方が適用できます。5 台でクラスタを構成した場合は、1 台の故障まで許容した

とすれば、最大 80％のリソースを使うことができます。

　しかし、RDBMS の場合、第 12 章の NoSQL の活用で記載した ACID の特性があるため、更新処理の場合はノード間の連携が必要になります。同じレコードに対して同時に更新がかかってしまい、整合性が取れなくならないように独立性を担保する必要があるためです。そのため、RDBMS を多くのノードでクラスタ化しようとすると、どうしてもオーバーヘッドが増え、性能が読みにくくなり、トラブルが発生しやすくなります。また、どのノードでも同じように処理を受けつけられる構成にしているため、動作はより複雑になっています。Oracle RAC は 9i から登場し、かなり年月が経っているので安定感は増してきましたが、それでも台数が多くなるといろいろと考慮が必要なのは RDBMS の宿命だと思います。

　極力オーバーヘッドを減らすには、ノードごとに使われるデータを分離してしまう方法があります。分離の仕方は、データの特性によって考える必要があります。大きく以下のデータ特性によって分離を検討してみるといいでしょう。

①レコード単位で分離できるパターン
②処理するサービス、機能で分離できるパターン
③分離できないパターン

①レコード単位で分離できるパターン

　オンラインショッピングサイトが典型的な例になりますが、お客さまごとに属性を管理するテーブルや、購入履歴を管理するテーブルなどさまざまなものがあります。テーブル設計をすると、属性管理テーブルはお客さまごとにレコードが独立し、購入履歴テーブルは購入者の明細単位でレコードが独立します。そのため、あるお客さまの処理を特定のデータベースノードで処理することによって、処理を分離しやすくなります。仮にそれをおこなわないと、同じお客さまのデータがさまざまなノードで呼ばれることになります。

◎レコード単位で処理先のノードを固定化しないと
　I/Oの単位になるブロックがロックされているため待たされる

特定のノードで処理しないと発生する問題

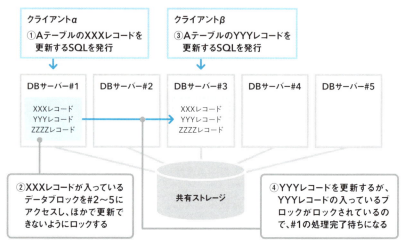

ポイント

RDBMSの機能では行レベルロックが可能であっても、I/Oの単位がブロックになるため、データ更新時にはブロックレベルでロックされてしまう。同一ブロック内のロックされている行以外の行を更新しようとしても、更新できずに待たされる。そのため、1つのブロック内のデータはすべて同じサーバー（今回であれば#1）で更新されるように、処理先を固定化する必要がある。
具体例としては、下図のように、顧客番号のような一意の番号を付与し、1～1000番を#1、1001～2000番を#2、2001～3000番を#3で処理するようにする。そうすると、常に1～1000番の顧客データは#1で処理されることから、#1で処理されるデータブロックは1～1000番の顧客データになり、1001番以降のデータが混ざることはない。
上図であれば、XXXレコード、YYYレコード、ZZZレコードが同じ#1で更新されれば、ロックレベルがブロックではなく、行レベルロックになる。行レベルを細分化することは、性能を考慮するうえで非常に重要な要素になる。

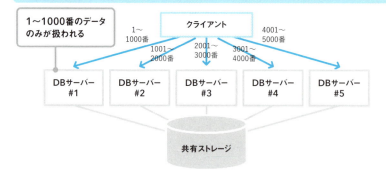

アプリケーションの実装としては、SQL を発行するノード先を固定する必要があります。実装方法はさまざまありますが、DB の接続設定でコントロールすることができますし、アプリケーションで明示的に実装することも可能です。いずれにしろ、特定のお客さまの処理を特定のノードで処理し続けることで処理の競合を防ぎ、クラスタ化した時の処理の競合を減らすことができます。

②処理するサービス、機能で分離できるパターン

この方式は、1 つ目の方式のようにレコード単位での分離が難しい（同一テーブルの複数のレコードに同時にアクセスして処理する）場合に検討します。具体的には、集計処理になります。いろいろな条件で集計処理をおこなう場合、さまざまなレコードにアクセスする可能性があるので、レコード単位の分離ができません。そのため、そのような時には、集計するテーブル単位で、実行するノードを分離してしまいます。

データモデリングで考慮しておく必要がありますが、サービスや機能とテーブルはリンクすることが多いため、そのような時にはサービスや機能ごとで動作するノードを固定したほうがシステム構築がシンプルになります。たとえば、サービス A はノード #1、サービス B はノード #2 で処理するような分け方です。

ちなみに、サービス A のテーブル単位でノードを指定することもできますが、テーブルごとにノードを意識すると、アプリケーションの実装者にとって負荷になります。そのため、サービスや機能で分割するのが、実装面からも効率が良くなります。

◎集計するテーブル単位で実行するノードを分離する

①のパターンで問題が生じるケース

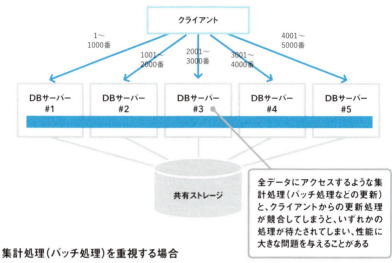

集計処理(バッチ処理)を重視する場合

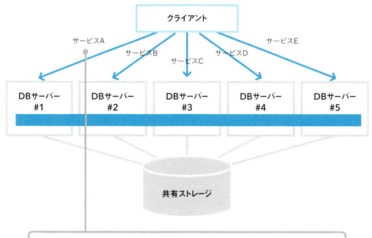

③データを分離できないパターン

さまざまなテーブルでどうしてもデータを分離できないケースはあります。典型的な例だと、マスターデータでしょう。たとえば、オンラインショッピングサイトであれば、お客さまのデータを分離するパターンと、商品マスターの情報を分離するパターンは異なります。お客さまであるAさんは、商品1、商品2を買う可能性がありますし、Bさんは商品2、商品3を買う可能性があります。

◎データを分離できないパターン

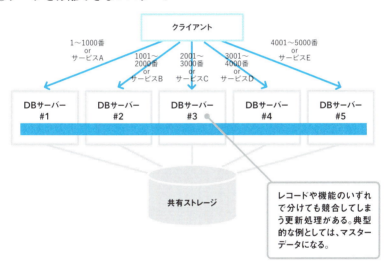

そのため、お客さまごとのデータと、商品マスターのデータは分割の単位が異なります。単位が異なる場合は、より更新データが多いほうを分割する単位にしたほうがよくなります。更新が多いということは、その分、データをロックすることが多くなるからです。お客さまごとのデータと商品マスターの例であれば、明らかにお客さまごとのデータのほうが多く更新されると思います。商品マスターが頻繁に更新されることはあまりないでしょう。

なお、「構成をシンプルにする」という観点では、2つ目の処理するサービス、機能で分割する方式がおすすめです。アプリケーション実装者が意識しなくても実現できるからです。

　1点注意が必要なのは、クラスタの台数が多くなった場合、トラブルの対応が複雑になりますし、復旧にも手間がかかります。仮にサーバー5台でクラスタ化しているのであれば、トラブルでどのサーバーが正常なのか、故障しているのか、ハングしているのか、スローダウンしているのかを判断していく必要が出てきます。復旧したとしても、5台全部が正常稼働しているか確認し、リソースの状況をモニタリングする必要もあります。そのため、冗長構成を組む場合には2台だけにして、何かあった時の切り替えをシンプルにしてしまうほうが、システムをコントロールしやすくなります。ミッションクリティカルなシステムの場合、台数が減ることで、設計や運用などのコスト削減にも寄与します。

足回りは強いものを選択

　続いて重要なのが、サーバーの足回り、具体的にはネットワークに余力を持たせることと、ストレージアクセスを堅牢にすることです。ネットワーク（イーサネット）も、サービスを提供するセグメントと、運用やバックアップで使用するセグメントをいくつかに分割する必要があります。さらに、クラスタ間通信するネットワークも分離したほうがいいでしょう。

◎ミッションクリティカル系のネットワーク構成

サーバーのネットワーク構成

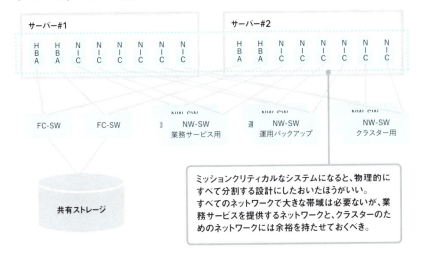

分離しつつ、帯域にも余裕を持たせておくことで、安定した運用が可能になります。また、ストレージアクセスもファイバーチャネル（FC-SAN）で構成し、経路も冗長性を持たせます。

このように、ネットワークセグメントを分割し、FC接続すると、選定するサーバーにはインターフェースモジュール（NICやHBA）を追加することになります。そのため、サーバー選定時にはそういう余力も確認しておく必要があります。

さらに、それらの余力が十分にあっても切り替えが思ったようにいかないこともあります。設定上のミスもありますし、機能的な問題があることもあります。そのため、ネットワークの冗長構成が機能するかは、必ず動作検証する必要があります。

第13章 システムタイプごとの高コスト、低コスト 361

インフラエンジニアがアプリケーションに介入する

すでに記載したように、可用性はインフラで保証しやすいのですが、性能は困難です。困難な理由は、イマイチなアプリケーションを実装されると、かんたんにインフラのリソースを枯渇させられるからです。逆にいえば、そういうアプリケーションを実装させなければ、インフラは安定します。そのため、少し難易度が高くなりますが、インフラエンジニアがアプリケーションの実装に問題がないかどうかを確認するのは効果的です。

ここでも、性能のコントロールが一番難しいデータベースを中心に話を進めます。本来はプログラムコードが実行される AP サーバーもチェックすべきなのですが、基本的にスケールアウトしやすいので、いざとなれば構成でなんとかなる（お金でなんとかなる）のと、プログラム実装と比較して SQL のほうがはるかにかんたんに性能上問題のある実装ができるからです。

実際にチェックするには、第 12 章の「RDBMS で無駄なリソースを使う問題をどう解決するか」で記載した以下の 2 つはおこなったほうがいいでしょう。これらを実装するだけでも、かなり効果は得られます。

・バッチ処理など大量のデータを処理するデータベースユーザーと、1 トランザクションの短いオンラインのデータベースユーザーを分離する
・バッチ処理とオンライン処理のそれぞれのユーザーに対して処理制限をかけて、効率の悪いものを実行させない

ただ、本当に問題のないアプリケーションにするには、以下のパターンで SQL を確認していく必要があります。

① SQL の負荷で確認する
② SQL の実行計画の内容で確認する

③ SQL のバリエーションを確認する

① SQL の負荷で確認する

これは第 12 章で記載した「処理制限をかけて、効率の悪いものを実行させない」とほぼ考え方は同じです。「ある指標値以上のものは実行させない」というものでしたが、ミッションクリティカルなシステムの場合では、負荷が大きかったものについては、どのような SQL で記載されているのか中身まで確認したほうがいいでしょう。すべてをチェックしきれるのは難しいので、一定の負荷以上のものをピックアップして確認していきます。

注意が必要なのは、負荷の確認だけではチェックしきれない部分があることです。よく開発環境などにありがちですが、本番環境とデータの件数が大きく異なる場合です。本番のほうの件数が多い場合、開発環境でテストしたよりも性能が悪くなることが考えられます。そのため、有用な確認方法にはなりますが、万能ではないということになります。

② SQL の実行計画の内容で確認する

SQL が実行される手順をかんたんに記載すると、以下の流れになります。

SQL の構文解析
　　　↓
統計情報を基に実行計画を立てる
　　　↓
実行計画に従いデータアクセスする

この一連の流れは、SQL は統計情報の内容によって動作が変わるということを意味します。アプリケーションエンジニアが SQL をコーディングし、テストをおこなった後に統計情報を変更すると、動作が変わってしまうことがあります。

重要なのは、「統計情報が変わって動作が変わることを許容するかどう

か？」です。テストしていない動作を認めるということは、まったくテストしていないプログラムをいきなり動作させるのと同じことになります。私は、ミッションクリティカルなシステムの場合、そのようなことはしないようにしています。テストしていない動作を本番で実行するリスクが極めて高いからです。重要なシステムなのであれば、いかなる場合においても、テストなしの一発勝負の動作はありえません。テストした動作と確実に同じように動くよう、統計情報が更新されないように固定化します。

　もちろんポリシーの問題なので、私と異なる考え方の人もいると思います。また、統計情報の固定化はデータの変化に追従できないリスクがあります。たとえば、データの件数が増えて、もっと効率的な実行計画をRDBMS が見つけるかもしれません。そのような場合、統計情報を固定化しておくと効率が悪いままになります。ただ、経験的に統計情報が実際のデータと適合せず効率が悪かったとしても、極端に悪くなることはなく、徐々に劣化するケースが多いと思います。逆に、統計情報が変化することによって効率が良くなることもありますが、劇的に悪くなってしまうこともあります。そのような時は、処理時間が 1.1 倍になるようなものではなく、10 倍、100 倍という単位で遅くなります。そうなってしまうと、システムのバランスが崩れてしまい、結果的にトラブルになります。効率が良くなるパターンと悪くなるパターンをどう捉えるかになりますが、重要なシステムほど悲観的に捉え、悪くならないほうを重視すべきでしょう。

　実行計画に関しては、このようにテスト後に変化しない運用にすべきですが、そのためにおこなわなければならないのは、固定化する実行計画の確認です。本来アプリケーションエンジニアが SQL を実装した時にその SQL の実行計画まで確認し、問題ないかを確かめるべきです。しかし、実際には第 12 章の「RDBMS で無駄なリソースを使う問題をどう解決するか」で記載したように、テストしないアプリケーションエンジニアはたくさんいます。そのため、テストしない SQL が実行されるケースがあると考えて、インフラ側で予防する必要が出てきます。

　実行計画をよく見ていると、悪くなりやすいものがあります。一番てっ

とり早いのは、開発環境で実行される SQL の実行計画をすべて取得し、問題になりやすいものをピックアップしてしまう方法です。それらを確認し、アプリケーションエンジニアに「なぜ、そのような動作にしているのか？」を確認するのがいいと思います。

ちなみに、①で記載したように、負荷が大きいものをチェックしていても、実行計画が悪いものもまぎれこむことがあります。実行した時の負荷が低かったからいいかというと、そうではありません。典型的な例としては、テーブルに全アクセスするケースにもかかわらず、テストデータが少なく、負荷がかからないケースです。テストなのでデータを 2、3 件だけ準備して実行すると負荷はかかりませんが、本番環境で 100 万件のデータが入って実行するとかなり重い処理になり、動きがまったく異なります。開発環境で常に本番相当のデータがあれば負荷の確認だけでも問題はありませんが、実際にはそのようなことはないのがほとんどなので、実行計画からも押さえにいく必要が出てきます。

③ SQL のバリエーションを確認する

SQL は、上記のように構文解析をおこない、解析した結果は同じ SQL が発行されれば再度利用することができるので、キャッシュしておきます。キャッシュしてある解析結果を利用すると、その処理がバイパスされるので、効率的になります。

ただ、お作法が悪い SQL があると、そのキャッシュを溢れさせてしまい、再利用できなくなってしまいます。典型的なのは、バインド変数を使わないパターンです。SQL は、where 句で条件を指定します。たとえば、顧客番号を条件にする場合は、以下のように記載します。

select XXX,YYY,ZZZ from ABC_TABLE where CUSTOMER_NO = 12345

上記の例では、顧客番号が 12345 の場合です。12345 の部分は、11111

番のケースもあれば、11223 番のケースもあるでしょう。顧客数分の番号があるので、人数が多ければバリエーションが増えます。SQL としては顧客番号だけが変わっているので、そこを変数化して共通化できます。それが、バインド変数になります。仮に、00000 番から 99999 番までの顧客番号が使われていれば 10 万通りの SQL が生成される可能性がありますが、変数化することで 1 種類になります。

　バインド変数以外にも、同じ条件で記載していても別のものになるケースがあります。動的にプログラムで where 句を生成するときに、where 句の条件を入れ替えてしまうような場合です。たとえば、条件 A と条件 B を where 句内で and 条件で結合する場合、A and B と書くケースと、B and A と書くケースがあります。このように順番がバラバラになると、それだけバリエーションが増えてしまうので、条件の順番も意識してコーディングする必要があります。

　なお、where 句の条件はインデックスの使われ方が変わったり、アクセスパスが変わる可能性もあります。そのため、単純に SQL のバリエーションが増える以外に、性能面でも考慮が必要になります。

ウォームアップを入れる

　運用面で考慮するポイントは、システムがサービスを開始する時に最適な状況にするために、ウォームアップ処理を入れることです。週末などでリブート運用を入れると、リブート後はメモリ上からデータがなくなっているので、それらを元の状態に戻します。

　1 点気をつける点として、ウォームアップ処理後には、本当にメモリにデータが乗っているかを確認する必要があります。ミドルウェアなどの製品によっては、メモリに乗せたつもりでも乗っていないことがあります。ウォームアップ処理をおこなう時には物理的に大量にアクセスすることでメモリに乗せるのですが、大量にアクセスすると大量のデータがメモ

リからキャッシュアウトされるリスクもあるので、ミドルウェアがあえてキャッシュしないこともあるのです。そういう動作になっていないかを確認する必要があります。

◎１週間で徐々にキャッシュが最適化されていく

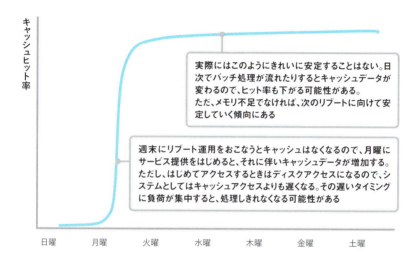

最新のソフトウェアは使わない

　ソフトウェアには必ずバグがあると思ったほうがいいですが、極力それを回避するには、より一般的に使われているバージョンを選択する必要があります。メジャーバージョンアップなど、多くの機能追加がされた初回バージョンは、こなれていないという意味でも回避したほうがいいと思います。
　難しいのは、採用するバージョンが出てからあまりにも時間が経っていると、今度はサポートの期間が短くなるという問題が発生することです。一番いいのは、新しいバージョンが出てしばらく経って、サポート期間も

それなりにあるタイミングでの導入になりますが、プロジェクト期間がたまたま都合よくはまらない場合もあります。そのような時には、ソフトウェアの枯れ具合を選ぶのか、サポート期間を選ぶのかを評価して選択する必要があります。また、サポート期間はソフトウェア製品によっても大きく異なるので、どのようなサポートがどれだけ継続されるのかはよく確認しておく必要があります。

　さらに、採用するソフトウェアのバージョンに致命的なバグや未解決の重大な問題がないかも、製品のナレッジベースをすべてチェックして潰しこむ必要があります。ナレッジの件数が1,000件あれば全部見なければならないのですが、1日50件確認していったとしても1ヶ月くらいかかってしまうボリュームになります。非常に手間と時間がかかる作業にはなりますが、ミッションクリティカルなシステムを運用するには必須の作業になります。とはいえ、数千から万のオーダーになるとチェックできる限界を超えてしまうので、優先度をつけ、重要なものから確認するアプローチも必要になるでしょう。発生すると重大なトラブルになるキーワードで抽出し、優先的に確認するのがいいと思います。

　なお、キーワードによる抽出は自動化する仕組みを検討したほうがいいでしょう。製品のナレッジベースは日々更新されているので新しく追加された情報を拾う必要がありますし、更新が入ったものも確認する必要があるためです。それらの作業を手で実行すると、非常に非効率です。

　このように、ミッションクリティカルなシステムではハードウェアやネットワークなどの物理的な製品について、投資を惜しまないほうがいいと思います。一方で、構成をシンプルにして、複雑だったり新しい機能を使わないようにして、極力設計・運用のコストを抑える必要があります。また、ハードウェアに投資しつつも、第9章で記載したように、メモリのコストパフォーマンスの良さを引き出し、システム全体の性能比コストをコントロールできるといいでしょう。

スパコン・HPC

　最後は、普通はあまり触れる機会がないかもしれませんが、スパコン、HPC（High Performance Computing）と呼ばれる非常に大規模な計算システムについてです。一時期、富士通製の京が話題になりましたが、イメージとしてはそのようなシステムです。金融の世界では大量のリスク計測をおこなったり、株取引の予測などに機械学習が組み合わせられることがありますし、製薬（ゲノム解析）、画像や流体解析などさまざまな分野で利用されています。HPCの世界ではTOP500のランキングが公開されていますが、ランキングに関してはランキング狙いのチューニング（LINPACKベンチマーク向けのチューニング）がかなり施されているので、汎用性はそこまでないのが実態です。ここではランキング狙いではなく、汎用的なHPCを組むうえでのポイントを記載します。

・動作させるジョブの性質を把握する（1つのジョブが長いか短いか）
・「動かしてみて、チューニング」を繰り返す
・ハード的な強さを事前確認する

動作させるジョブの性質を把握する

　HPCにもさまざまな動きがあるので、投入するジョブの性質を把握するのが一番重要です。HPCでは数千、数万以上のコア数を持つCPUやGPGPUを使って計算をおこなうのですが、そのためには処理を大量に並列分散する必要があります。その時に重要になるのが、1コアでおこなう演算の長さです。演算量が多く時間がかかるものほど並列分散しやすくな

り、逆に短い処理ほど並列分散が難しくなります。それは、分散するためのコントローラーがネックになりやすいためです。

◎並列分散の仕組み

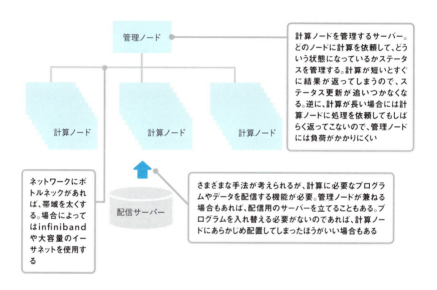

また、全部の処理が短いか長いかが決まっていればいいのですが、短いものと長いものが混在する場合も分散が難しくなります。処理時間の長いものに全体の終了時間が影響されてしまうためです。

なお、HPCの並列分散処理をおこなう時には専用のスケジューラーを使うのが一般的だと思いますが、スケジューラーによって、処理の時間が短いものと長いものが混在する場合の処理効率が変わるものもあるので注意が必要です。処理の時間が短いジョブが先に終わってしまい、長いものを処理し続けている場合、短い処理のリソースを開放できるものとそうでないものがあるためです。当然ながら、リソースを開放してくれるタイプであれば、次の処理を投入できるようになるので、効率的になります。そのような動きをするかは、よく確認する必要があります。

◎処理時間の長いノードにジョブの終了が引きずられてしまう

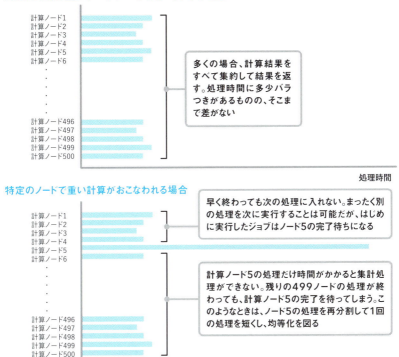

「動かしてみて、チューニング」を繰り返す

そもそも、HPCのシステムでは動かすこと自体が難しいのですが、仮に動いてもものすごく時間がかかることが多いので、ひたすらチューニングを繰り返すことになります。基本的に、CPU（GPU）、メモリ、ディスクI/O、ネットワークのどこかにボトルネックがあるのですが、それらを1つ解決すると、別の場所にボトルネックが移動していきます。

チューニングのゴールを設定しておく

　チューニングする段階において一番重要なのは、チューニングのゴールを設定しておくことです。ある処理を1時間でおこないたいのであれば、1時間以内を達成した時点でチューニングを終了します。チューニングは細かな改善なので、どこかで終了させないと永遠に繰り返すことにもなりかねません。そのため、ゴール設定を明確にすることが極めて重要です。より具体的に設定するのであれば、第4章で記載したSLAの性能部分を参考にするのがいいでしょう。

アプリケーションの動作を知っておく

　具体的なチューニングに入る前に、やっておかなければならないことがあります。それは、アプリケーションの動作を知っておくことです。実装方法によって大きく異なりますが、たとえば以下のような処理があったとします。

　　計算データの取得→計算①→一時退避→計算②→結果書き出し

　計算データの取得は、そのデータがどこにストアされているかがポイントになります。ファイルサーバー、Hadoop、RDBMSなどいろいろな方法が考えられます。さらに、取得サイズがどの程度かにもよって、取得時のリソースの使われ方が変わります。

　また、計算処理が仮に2回あったとして、まったく同じ計算をするとは限りません。ベクトル演算、微分、回帰などの演算かもしれませんし、集計などの処理が入ってくるかもしれません。HPCの計算ロジック自体は非常に高度な数学的知識がないと理解できないことが多いので、インフラエンジニアとしてはそこまで踏み込む必要はないと思います。重要なのは、計算ロジックではなく、リソースの使われ方を把握することです。システムとしてどのようにリソースが使われるかを把握することが、ボトルネックの分析につながります。

その他、必ず発生する処理は、計算結果の書き出しです。中間データとして一時的な退避目的で書き出すこともあるでしょうし、最終的な結果として書き出すこともあります。どのタイミングで、どのくらいの量を書き出すかは、把握しておく必要があります。

　処理方法・計算内容にもよりますが、比較的よく発生するのは、計算に使用するデータの読み書きがネックになるケースです。データベースがディスクI/Oで性能問題を発生しやすいのと同じ理由で、CPUとディスクの処理速度差に起因するものになります。計算するには計算の基となるデータと計算プログラムが必要になりますが、それをどのように計算サーバーまで送り込むかが重要になります。

◎データを計算サーバーに送り込むまでどこがボトルネックになるか

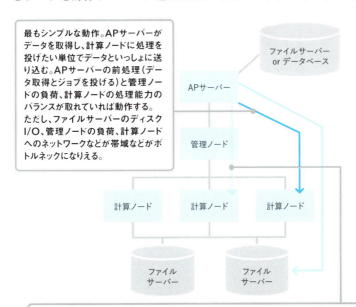

第13章　システムタイプごとの高コスト、低コスト　373

計算のために大量のデータを送り込む場合は、計算サーバーの台数が増えて並列分散すればするほど、送るタイミングがネックになります。計算結果を大量に集めるのであれば、今度は集める部分がネックになる可能性があります。プログラムに関しても同様で、プログラムを毎回各計算ノードに送り込む場合には、そのサイズが問題になることもあります。ただ、そのような条件でなければ、プログラムは事前に配布しておいたほうが効率は良くなります。

　いずれにしても、チューニングしていてボトルネックになるのは、処理が集中するようなポイントになります。それがディスク I/O なのか、ネットワークなのか、事前に読み切るのが非常に難しいのが実態だと思います。そのため、ハードウェアを選定するタイミングで、どこにボトルネックが生じるかをあらかじめ読んでおく必要があるものの、チューニングを繰り返す前提で、ハードは多少変更しやすい柔軟なものを選択しておく必要があります。

計算時間を高速化する

　計算時間自体を高速化するには、次の対処が必要になります。

・1 コアあたりの性能の良い CPU や GPU を使う
・処理の並列度を上げる

　ほとんど場合、並列度を上げる方向にシフトさせる必要がありますが、並列度を上げると、処理を分ける部分と、結果を集約する部分がネックになるので、「並列度を増やしてチューニング」という流れを繰り返すことになります。

　チューニングに幅を持たせるには、ある程度それを見越したインフラを検討しておく必要もあります。ひと言でいえば、「拡張性を持たせておく」ということになります。毎回同じ計算をするだけであればそれ専用の構成にしてしまえばいいのですが、おこないたい計算が複数ある場合には、そ

れによってリソースの使われ方が変わる可能性があります。LIMPACK の上位だけを狙うのであればそれをターゲットとした構成にすることもできるでしょうが、実際にはさまざまな計算処理をおこなえたほうが企業としては価値があることになります。スーパーコンピューターで話題になった「京」や「TSUBAME」「Oakforest-PACS」などの環境も、産業活用目的で時間単位に貸し出していて、さまざまな目的で使えるようにしています。そこまで巨大な計算をおこなわなかったとしても、拡張性は大事なので、インフラエンジニアとしては性能が出せない時の次の一手を準備しておく必要がありますし、結果的にその考慮が投資コスト削減にもつながります。

ハード的な強さを事前確認する

HPC は普通のシステムとリソースの使われ方がまったく異なるので、ハードウェアの確認が重要になります。マルチコア化が進んだ現在の普通のシステムでは、バッチ処理でも CPU 利用率 100％がずっと続くものはめずらしいかもしれませんが、HPC ではすべてのコアの利用率が 100％に近くなるように調整していきます。

CPU を 100％使うことが連続すると、普段では発生しないような電源消費と熱量発生が生じます。特に熱は IT 製品の故障や誤動作を起こすので、対策が重要です。サーバーラック内も均等に冷却されるように構成する検討が必要ですし、データセンターの空調も意識した設計が必要になります。連続稼働させると、通常壊れないような故障も発生するので、文字どおりのヒートランが重要になります。熱に関しては実際に動かしてみないとわからない部分があるので、実際に動作させて故障する箇所がないかを確認するスキームを事前に計画として織り込んでおく必要があります。

このように、スパコン・HPC では、動かすアプリケーション、ジョブの理解が最も大切で、そのうえで柔軟な構成にする必要があります。

第 13 章　システムタイプごとの高コスト、低コスト　　375

おわりに

本書を読み終えて読者のみなさまはどのようにお感じになったでしょう。

『コスパのいいシステムの作り方』というタイトルから想像されるイメージと少し違っていたかもしれません。でも読み進めながらどんどん引き込まれていったのではないでしょうか。それは、銀行、証券のインフラエンジニアとしての豊富な実務経験に基づき、コスパのいいシステムを作るためのポイントをロジカルにわかりやすく説明していることにあると思います。私も本書を読みながら「そうそう、大事なことはこれだよ」「同感！」とうなずいたり、「ここまでやらないと駄目なんだな」と考えを改めたりして、短期間で読み終えました。とくに前半は、意外にも予算確保の話から始まり、システム構築の2大構成要素「モノ」「ヒト」を取り上げ、安く購入するため、開発費を削減するために本質的に重要な考え方を、仕事のやり方や組織のあり方にまで踏み込んで説明しています。製品や技術が進化しても、こうした本質的に重要な考え方は普遍のものでしょう。第9章以降は、個別の製品・技術のポイントについて、前半で述べた普遍的な考え方を前提としながら説明していますので、すっきりと頭に入ってくるはずです。もちろん、「ITコストの適正化」という関心の高いテーマを取扱っていることもありますが、豊富な実務経験に裏打ちされた本質的に重要な考え方、そしてその考え方を前提とした製品・技術の具体論、これが引き込まれる理由だと思います。

当社は、三菱UFJフィナンシャル・グループ（以下、MUFGグループ）というアジアを代表するグローバル金融グループのシステム企画・開発・運用を担当している会社です。三菱UFJ銀行のほとんどのシステムや三菱UFJフィナンシャル・グループ各社の多くのシステムを企画・開発・運用しています。年々、システムは増加しており、そのITコストをい

かに抑制するか、適正化するかは、MUFG グループ、三菱 UFJ 銀行にとっても、当社にとっても、大きな命題です。IT コストの適正化にあたって、著者の南大輔氏もはじめに言っているように、インフラコストの妥当性は評価しづらいことが従来からの悩みの 1 つでした。「ネジクギ 1 本」と称して細かく分解して評価するなど、さまざまな取り組みをおこなってきました。しかし、IT コストを適正化していくために重要なことは、そのシステムの妥当な要件（水ぶくれした要件ではなく）を実現するために、必要なハードウェア・ソフトウェア構成、必要なスペック、適用する技術、構築作業などを見極めることです。IT インフラはコモディティ化が進んでおり、MUFG グループでもクラウドの活用を強力に推進しています。しかし、たとえクラウドを活用するにしても、エンジニア 1 人ひとりが、IT コスト適正化のために必要な考え方、スキルを身につけて、システムを開発・保守することは不可欠です。これまで当社ではさまざまな技術研修を社員に提供してきましたが、IT コストを適正化するために必要な考え方、仕事の進め方は、OJT で学んでもらっていました。そうなると、どうしても所属部署や上司の違いによって身につけられることに濃淡が出ていました。本書はその悩みに応えるもので、当社社員に本書を活用して学んでもらい、IT コストの適正化をさらに進めていこうとしています。そして、本書の内容は MUFG グループだけでなく、世の中の IT ユーザー企業やユーザー系 IT 会社のみなさまにとってもお役立ていただけると思っています。

さて、読者のみなさまは、本書をユーザー企業やユーザー系 IT 会社のインフラエンジニア向けの内容と思われているかもしれません。たしかに、インフラエンジニアとして身につけるべきスキル、仕事の進め方などを中心に書かれています。しかし私は、アプリケーションエンジニア、プロジェクトマネジャー、情報システム部門企画管理担当、情報システム部門・IT 会社経営層のみなさまにも、ぜひ、本書を読んでいた

だきたいと思っています。私自身はもともとアプリケーションエンジニアからスタートし、プロジェクトマネジャー、情報システム部門企画管理担当、海外現地法人システム部長を経て当社社長に至っています。残念ながらインフラエンジニアの経験はありませんが、逆にこれまでの経験をふまえて、幅広い層の方に読んでいただく価値のある内容と感じています。コスパのいいシステムを作るための重要な要素の1つはアプリケーションの設計です。特に、更なるコスパを求めていこうとすると、アプリケーションエンジニアが工夫して設計することの重要性がますます増してきます。また、基本的にハードウェアの価格が下がっていく中、コスト削減のためには必要な分だけを容易に追加できるようにすることが必要です。そのためには、そうした設計だけでなく、手続きも容易にしていかなければなりません。そういった点で、情報システム部門の企画管理担当の参画が必要です。また、本書の中で著者は繰り返し組織としてのあり方にも言及しています。「ジャンプできる組織にはアソビが必要」「内製化を検討する」といった課題については、組織としての対応が不可欠です。そのためには、情報システム部門・IT会社経営層のみなさまに課題解決をリードしていただく必要があります。つまるところ、コスパのいいシステムを作るためには、インフラエンジニアだけではなく、幅広い関係者の協働が不可欠ということです。

　最後に、本書がみなさまにとって、コスパのいいシステムを作ることの一助となることを願っております。

2018年4月
三菱UFJインフォメーションテクノロジー株式会社
　　　　　　　　　　　　　　　　取締役社長　中田一朗

謝辞

　今回、軽い気持ちで編集の傳智之さんにご相談させていただいたところからスタートしましたが、このように書き終えることができました。勝手がわからず傳さんには何度もご無理も申し上げましたが、いろいろとご調整いただき、ありがとうございました。思ったよりもとんとん拍子で進んでしまい、あっという間に終わってしまった印象があります。また、出版にあたり、デザイン会社の方々、技術評論社の方々にも大変お世話になりました。厚く御礼申し上げます。

　理想を追い求め、さまざまな意見をぶつけあい、これまでの社会人歴で最も辛い時期を分かち合った子犬の会メンバー（澤本光裕さま、岡庭祐さま、服部泰之さま）には、今回もお世話になってしまいました。落ち着いたら、澤本さんの太鼓を聞きながら、岡庭さんのスイーツに感動しつつ、服部さんと失神したいと思います。

　さらに、あとがきを記載いただいた中田一朗さま、日ごろからお世話になっている末廣修司さま、斉藤賢哉さま、山本周さま、田中智樹さま、髙橋博実さま、寺内哲さまにも的確なご指摘をいただきまして、今回出版することができました。これからも日々精進してまいりますので、よろしくお願いいたします。

　最後に、これまで支えてくれた家族に感謝しつつ、この本を手に取ってくださった読者の方にお礼を申し上げて、ご挨拶とさせていただこうと思います。みなさま、ありがとうございました。

索引

3

3層アーキテクチャ ···················· 296

A

ACID ································· 310
AP サーバー ········· 295, 303, 318, 338

B

BASE ································ 310

C

CAP 定理 ····························· 313
CIFS（Common Internet File System）
··································· 287
CPU ······················· 213, 245, 321
CRUD ······························ 104

D

DevOps ······························ 185

E

EOS（End Of Service） ······ 31, 240, 317
EUC（End User Computing） ········ 130
EUD（End User Developing）········· 130

F

FC-SAN ···························· 221

H

HA 切り替え ···················· 108, 322
High Availability ····················· 108
HPC（High Performance Computing）
··································· 369

I

IA サーバー ························ 213, 321
I/O ················ 221, 264, 267, 271, 285
IOPS ··························· 264, 285

J

J-SOX 法（金融商品取引法）··········· 183

L

LAMP ······························· 297
LUN（Logical Unit Number） ········ 250

M

MEAN ······················· 112, 298, 314

N

N + 1 ···························· 254, 322
NAS ··························· 221, 287
NFS ······························ 287

N

NoSQL ···························· 310, 338

O

OJT ································ 204
OS ································· 198
OSS（Open Source Software）········ 136

P

PaaS ································ 152
PoC ································· 35

R

RAID グループ ······················ 250
RAW デバイス ······················ 250
RFP ································· 35

S

SAN ································ 288
SAN ブート ························· 229
SAS ································ 281
SATA ······························ 281
SLA（Service Level Agreement）
········ 48, 96, 114, 124, 126, 131, 305
S.M.A.R.T. 機能··················226, 266
SOX 法（サーベンス・オクスリー法）
··································· 183
SPA（Single Page Application） ······· 344
SPoF（Single Point of Failure） ······· 100
SQL ···························304, 362
SSD ···························230, 281

W

Windows ···························· 298

X

x86 アーキテクチャ ················· 213

あ

アプライアンス製品 ················· 316

い

イニシャルコスト ··················· 140
イミュータブルインフラストラクチャー ·· 339

う

ウォームアップ処理 ················· 366
請負契約 ····························· 85
運用 ···················· 118, 166, 178, 317

え

永続性 ······························ 343

お

オーバーコミット	254, 256, 321
オブジェクトストレージ	291
オプティマイザ	133, 304
オンライン処理	306, 362

か

カーネル領域	198
価格交渉	131
価格テーブル	56
書き逃げ	226
瑕疵担保責任	89
仮想化	152, 217, 236, 240, 321
可用性	100, 131, 301

き

技術スキルの伸ばし方	196
機能	75
キャッシュ	112, 211, 225, 265
教育	190, 204

く

| クラウド業者の SLA | 124 |

け

経費	165
契約	85
契約不適合責任	89
決算	68

こ

故意	90
工数の管理	176
購入のタイミング	68
購買履歴	55
コストの配分	210
コストベース	133
コストを下げる基本原則	74
コンティンジェンシープラン	331
コンテナ化	258

さ

サーバー	76
災対環境	29, 38
サブスクリプション	138
サポート	138, 300

し

| システム間連携 | 299 |
| システムトラブル | 149 |

重過失

重過失	90
準委任契約	86
処理制限	307
処理量の逆ピラミッド	338, 343
シンプロビジョニング	252, 273, 283
信頼性	264

す

スケールアウト	312, 325, 338
スケジューラー	370
スタバ方式	344
ストアドプロシージャ	302
ストレージ	262, 350
スナップショット	269, 318
スパコン	369
スレッド	201
スローダウン	337

せ

性能	111, 131, 264, 301, 331, 344
製品への理解	201
責任分界点	174
設計前のポリシー	154
善管注意義務	91

そ

| ソフトウェア | 60 |

た

帯域制御	270
タイムアンドマテリアルズ契約	86
ダウンタイム	102
ダブルスタンダード	62
単一障害点	100
単価	87

ち

| 重複排除 | 269 |

て

定期リブート	121
ディザスタリカバリ	29
ディスカウント	56, 70
ディスク	226, 250, 321
ディスクアクセス	112, 343
ディスクの特性と価格変動	281
ディスク容量	275
データベース	112, 238, 258, 300, 352
データの分類	355
データベースユーザーの分離	306

索引　　381

データ保存 270
デプロイ 338

と

投資 165
同時実行ユーザーが多いシステム 325
ドキュメント 76
特価申請 69
トランザクション 114, 337, 362

な

内製 77, 153
内蔵ディスク 226
内部統制 183

に

ニアライン（NL-SAS） 281
人月 87

ね

ネットワーク 352, 360

の

ノンブロッキング I/O 338, 344

は

パラメータ 155
バージョンアップ 146
ハードウェア 40, 58, 349
バックアップ 118, 239, 289, 318
バッチ処理 114, 299, 306, 362
パブリッククラウド 39
パラメータ 155

ひ

非機能 96
標準化 152

ふ

ファンクションポイント法 75
フォーク 214
ブルーグリーンデプロイメント 339
ブレードサーバー 232
プロジェクト期間 23, 27, 31
プロセス 200
プロプライエタリ 138, 141, 143, 300

へ

並列度 374
べき等性 104

ほ

ポーティング 308, 317
保守 80, 161, 166, 187
ポリシー 154
ボリュームディスカウント 56
ボリュームマネージャ 250

ま

マルチコア 213
マルチスレッド 246
マルチプロセス 246
マルチベンダー 78

み

ミッションクリティカル 159, 228, 349
ミドルウェア 40, 249
見積もり 22, 71, 236, 308

め

メインメモリ 211
メモリ 223, 248, 257
メンテナンス 123
メンテナンスウィンドウ 338

ゆ

ユーザー部門 45
ユーザー領域 198

よ

予算 34, 42

ら

ライセンス 60, 216, 224, 294
ラックマウントサーバー 232
ランニングコスト 140, 164

り

リアルタイム処理 114
リソースの追加 245
リソースプール 39
流量制限 342

れ

レプリケーション 270, 318

ろ

ローリングリブート 121

わ

割引 55

南大輔 (みなみ だいすけ)

　三菱UFJインフォメーションテクノロジー株式会社 インフラアーキテクト、プロジェクトマネージャ。

　1978年生まれ。神奈川大卒。新卒後3年は下積み経験という位置づけでSIerに勤務。主にクラサバ系アプリケーションの実装を担当。データベースの知識をつけてから某大手証券のシステム部門に転職。当初は引き続きアプリケーション開発をしていたものの、トラブルを契機にアプリケーションのチューニングを担当。おもにデータベースを中心とするアプリケーションチューニング部隊を組成。その後社内クラウドの立ち上げとともに、インフラ部門にチューニングメンバーごと異動。クラウドのコンセプト、インフラ設計をおこなった。その後、三菱UFJ銀行に入行し、2016年より三菱UFJインフォメーションテクノロジーに出向。市場系システムのインフラ構築をおこないながら、銀行システム全般のインフラアーキテクチャ、組織のあり方も検討している。

ブックデザイン　鈴木大輔＋仲條世菜 (有限会社ソウルデザイン)

DTP　高橋明香 (おかっぱ製作所)

編集　傳 智之

お問い合わせについて

本書に関するご質問は、FAX、書面、下記の Web サイトの質問用フォームでお願いいたします。電話での直接のお問い合わせにはお答えできません。あらかじめご了承ください。ご質問の際には以下を明記してください。

・書籍名 ・該当ページ ・返信先（メールアドレス）

ご質問の際に記載いただいた個人情報は質問の返答以外の目的には使用いたしません。お送りいただいたご質問には、できる限り迅速にお答えするよう努力しておりますが、お時間をいただくこともございます。

なお、ご質問は本書に記載されている内容に関するもののみとさせていただきます。

問い合わせ先

〒 162-0846
東京都新宿区市谷左内町 21-13
株式会社技術評論社　書籍編集部
「コスパのいいシステムの作り方」係
FAX：03-3513-6183
Web：https://gihyo.jp/book/2018/978-4-7741-9676-3

コスパのいいシステムの作り方
～しっかり見積もりたいのに勘を使うジレンマに向き合う

2018 年 6 月 8 日　初版　第 1 刷発行

【著者】　**南大輔**（みなみだいすけ）
【発行者】　**片岡巌**
【発行所】　**株式会社技術評論社**
　　　　　東京都新宿区市谷左内町 21-13
　　　　　電話　03-3513-6150　販売促進部
　　　　　　　　03-3513-6166　書籍編集部
【印刷・製本】**昭和情報プロセス株式会社**

製品の一部または全部を著作権法の定める範囲を超え、無断で複写、複製、転載、テープ化、ファイルに落とすことを禁じます。造本には細心の注意を払っておりますが、万一、乱丁（ページの乱れ）や落丁（ページの抜け）がございましたら、小社販売促進部までお送りください。送料小社負担にてお取り替えいたします。

©2018　三菱 UFJ インフォメーションテクノロジー株式会社
ISBN978-4-7741-9676-3　C3055
Printed in Japan